都市政策フォーラムブックレット No. 3

都市の活性化とまちづくり

― 制度設計から現場まで ―

監　修
首都大学東京　都市教養学部　都市政策コース

公人の友社

まえがき

本ブックレットは、平成二〇年度都市政策コースの演習型講義である「プロジェクト型総合研究」にお招きした外部講師四名の講義記録を編集し、ここに都市政策フォーラムブックレット第三号『都市の活性化とまちづくり―制度設計から現場まで―』として発刊されることになりました。

本ブックレットは、都市政策コースの教育・研究成果を学内外に公開することを目的に発刊されるもので、本号に先立って、すでに二冊が刊行されています。第一号は、『「新しい公共」と新たな支え合いの創造へ―多摩市の挑戦―』（平成一八年一〇月刊）であり、第二号は、『景観形成とまちづくり―「国立市」を事例として―』（平成二〇年三月刊）です。これらにつづいて本ブックレットが第三号として、本年度もこうして都市政策コースの教育・研究活動を学内外に発信できますことを、関係各位に感謝申し上げると共に、本ブックレットがひろく活用されますことを願ってやみません。

さて、本号は、先に述べたとおり、平成二〇年度都市政策コースの「プロジェクト型総合研究」の授業にお招きした外部講師の講義録を編集したものです。本授業は、本コースの特徴的科目として位置づけられるものであり、毎年、現代都市が抱えている政策課題をとりあげ、これを研究テーマとして一年間をかけ総合的に研究するものです。本年度は、「都市の機能再編と活性化」を取り上げました。講師の先生の皆さまには、国、民間、地方自治体のそれぞれの立場から、最先端の取り組みをご講義いただきたいとご依頼申し上げました。結果として、本号の各章にあるようなご講義を提供していただくことが出来ました。

そこで、簡単ではありますが、本号の内容を紹介させていただきます。第Ⅰ章の「都市の活性化をめぐる制度設計」は、都市の活性化をめぐるまちづくり関連の施策と都市計画の動向について、国土交通省都市・地域整備局まちづくり推進課企画専門官の澁谷浩一氏、同都市計画課企画専門官の脇山芳和氏にご講義いただいたものです。お二人のご講義から都市の活性化をめぐる制度設計の最先端を学ぶことができました。第Ⅱ章の「都市の活性化とまちづくりの現場」では、都市の活性化を目指した「まちづくり」の現場の最先端におられる流通・まちづくりコンソーシアム代表の及川亘弘氏と、八王子市産業振興部産業政策課主査の叶清氏にご講義いただきました。及川氏は民間シンクタンクの立場から、また叶氏は地方自治体の立場から、それぞれまちづくりの現場での取り組みをご報告いただくことで、まちづくりが多様な主体によって担われていることをあらためて学ぶことができました。また、とかく中心市街地活性化と言えば、地方都市の問題と受け止められがちですが、この大都市東京のなかでも八王子市のような取り組みがあることも教えられた点であります。本ブックレットが、地方都市で、そしてこの大都市・東京で、都市の活性化、なかんずく中心市街地の活性化のまちづくりに取り組んでおられる皆様に広く参考・

活用していただければ幸いです。
最後に、本ブックレット作成にあたり、ご協力いただいた澁谷浩一氏、脇山芳和氏、及川亘弘氏、叶清氏にはあらためてお礼申し上げます。刊行に際して本学関係者の多くの方々にご尽力いただきました。心より感謝申し上げます。

平成二一年一月末

首都大学東京　都市教養学部
都市政策コース長・教授　和田　清美

【目次】

まえがき　和田　清美（首都大学東京・都市教養学部・都市政策コース長・教授）………… 3

第1章　都市の活性化をめぐる制度設計　9

Ⅰ　都市再生と中心市街地活性化の施策
澁谷　浩一（国土交通省都市・地域整備局まちづくり推進課　企画専門官）……… 10
1　まちづくりの幅広さ　10
2　都市・地域整備局が担当する都市再生関連施策　14
3　中心市街地活性化　18
4　おわりに　31

Ⅱ　都市計画制度
脇山　芳和（国土交通省都市・地域整備局都市計画課　企画専門官）………… 33
1　現行都市計画法の誕生　33
2　都市計画の手法　36
3　これからの展望　51

第2章　都市の活性化とまちづくりの現場　55

Ⅰ　まちづくりの現場が直面する課題…流通・まちづくりの視点から

及川　亘弘（㈱流通・まちづくりコンソーシアム代表）……………56

1　流通政策とまちづくり　その歴史的変遷　56

2　中心市街地活性化の現状と課題　67

3　中心市街地活性化の現状…伊勢崎市と太田市の取り組みから　74

おわりに…コンパクトシティの行方　77

Ⅱ　八王子市の産業振興政策と中心市街地活性化

叶　清（八王子市産業振興部産業政策課）……………79

1　八王子市の産業振興政策　79

2　中心市街地活性化について　89

おわりに　101

第１章　都市の活性化をめぐる制度設計

Ⅰ　都市再生と中心市街地活性化の施策

澁谷　浩一
（国土交通省都市・地域整備局まちづくり推進課　企画専門官）

1　まちづくりの幅広さ

まちづくりとは、ソフトからハードまで非常に幅広いものです。都市計画の中にも、土地利用、道路等の都市施設、区画整理、再開発などの市街地開発事業があります。また、民間の都市開発への支援もあります。中心市街地活性化もまちづくりの一つですし、防災対策などの安全・安心まちづくりもあります。

国でいうと、私の所属する国土交通省都市・地域整備局が、まちづくりの分野を主に担当しています。私自身は、現在、まちづくり推進課で、主に中心市街地活性化と民間のまちづくりの担い手に対する支援などの業務を担当しています。私たち国のほうは、法律、予算、税制等の政策そのものの企画立案、あるいは全国に対する働きかけということをやっているわけですが、実際にその政策を使って各現場で事業に取り組んでいくことは、主に地方公共団体の役割でありまして、地方公共団体の中にも都市行政の担当部局があります。

また、まちづくり行政、都市行政は、それだけで完結しているわけではなく、いろいろな分野とつながりを持っています。例えば、住宅行政、産業や福祉や文化の行政とも深くかかわっているのが都市行政です。

その中で、今日は「都市再生と中心市街地活性化」に光を当ててお話しします。

(1)　地域活性化をめぐる政府全体の動き

都市再生の話に入る前に、政府全体の動きをご理解いただきたいと思います。

都市再生といっているのは非常に幅の広い概念で、それを統括・推進するために、官邸直轄の「都市再生本部」が設置されています。中心市街地活性化につきましても、省庁横断的な取り組みが必要なものですから、やはり官邸直轄の組織として「中心市街地活性化本部」が設置されています。そして、これらの取り組みをもっと連携させようと、昨年の秋に「地域活性化統合事務局」が設けられました。そこで、地方圏対策として「地方再生戦略」が平成一九年一一月三〇日に、また一方で、都市圏対策として、「都市と暮らしの発展プラン」が平成二〇年一月二九日に策定されました。

戦略そのものはあくまでも戦略で、それを受けて実際に施策を打っていくのは各省庁や地方公共団体ですが、地域の取り組みを強力に支援していこうということで、本部のほうで平成二〇年度から新しく始めた施策が「地方の元気再生事業」です。これは、地方公共団体や地域の民間の方々の様々な地域活性化の取り組みを、委託調査の形で国費一〇〇％で支援するもので、産業振興、まちづくり、観光、農山漁村の振興、福祉関係など、さまざまなテーマで全国から一一八六件の応募がありました。一二〇件が選ばれて、今その予算が配分されて進められています。

(2)　都市再生の取り組みの三つの柱

都市再生の取り組みには、大きく三つの柱があります。一つ目は、「都市再生プロジェクト」の推進です。これは個別の区画整理・再開発や、個別の道路をつくるということではなく、もっと大きなテーマ性を持った政策群で、平成一九年六月までに二三プロジェクトが決定されています。本部が指定をして、関係省庁が連携をとりながら強力に推進、支援していくというものです。本当にいろんな分野にまたがっていまして、安全・安心、環境対策、国際対応、大学と地域との連携などもプロジェクトとして位置づけられており、最新のプロジェクトは、国際金融拠点機能の強化です。

二つ目は、民間都市開発投資の促進です。都市再生の担い手として、国や地方公共団体の役割も当然大きいわけですが、これは民間の方々に取り組んでいただくものです。民間といっても、いわゆる大手のデベロッパーというようなところだけではなく、地域で活躍されているまちづくり団体やＮＰＯなどもっと小さい単位まで含めてですが、施策としてはどうしても大きなところが中心になっています。民間投資の促進のために、平成一四年に制定された「都市再生特別措置法」に基づいて「都市再生緊急整備地域」が指定されて、そこで金融支援や税制上の特例措置を講じています。平成一九年二月までに、全国で六五地域、約六六一二haが指定されていて、東京だけではなく、地方部も含まれています。

三つ目は、いわゆる「全国都市再生」です。とにかく都市圏だけではなくて、地方も含めて全国的に都市再生を図っていこうということで、先ほどの「地方の元

都市再生関連施策（都市・地域整備局関係）

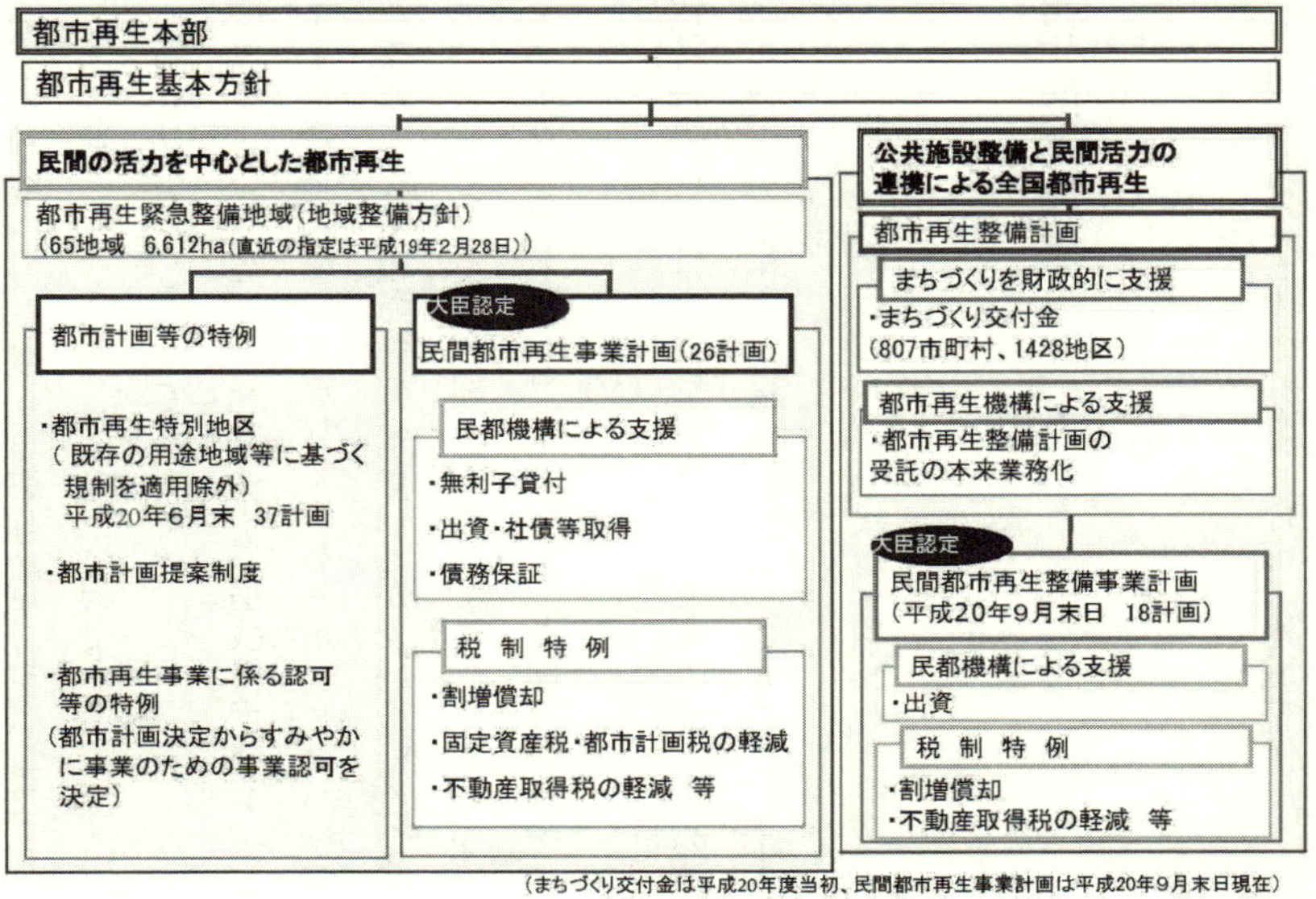

（まちづくり交付金は平成20年度当初、民間都市再生事業計画は平成20年9月末日現在）

気再生事業」の前身の「全国都市再生モデル調査」が平成一五年度から取り組まれていますし、また、都市再生特別措置法に基づく「まちづくり交付金」という後でお話する制度も全国で活用されています。担い手のすそ野を広げていくための取り組みも行っています。

都市再生の担い手として、大学と地域との連携も非常に重要ですし、企業、自治会やボランティアの起用など、さまざまな担い手に着目しています。資金調達に苦慮しているとか、ノウハウがないとか、やる気はあるんだけれどもノウハウがまだまだ蓄積されていないとか、いろいろな課題を抱えながら各地域で取り組んでおられますので、少しでも取り組みが進むように、情報交流のネットワークをつくったり、新たな寄付金のシステムを提案したりといった取り組みを本部のほうでやっています。

ただし、都市再生本部、つまり今の地域活性化統合事務局は、統括推進組織ですので、この都市再生の取り組みのうちの主たるところは、国土交通省の都市・地域整備局で担当しています。次に具体的にお話しします。

2　都市・地域整備局が担当する都市再生関連施策

一三頁の都市再生関連施策の体系図は、これまで出てきたもののうち、都市・地域整備局で担当しているものを抜き出してあります。左側が、都市再生緊急整備地域内の都市計画の特例と、民間都市開発を進めるための、大臣認定に基づく金融支援や税制特例、右側がまちづくり交付金と、その区域内での大臣認定制度に基づく金融支援や税制上の優遇措置で、このような施策で都市再生を促進しようとしています。

(1)　民間活力を中心とした都市再生…都市再生緊急整備地域での施策

民間都市開発を促進していくための基本的な枠組みは、「都市再生緊急整備地域」を指定して、そこでいろいろな特例措置を打っていくということです。都市再生本部の集計によりますと、全国で指定されることで、投資見込みが約一二兆円、経済効果が二三兆円あるとのことです。都市再生緊急整備地域におけるプロジェクトは、東京では東京ミッドタウンなどが有名ですが、名古屋でもミッドランドスクエアがありますし、北海道や那覇にもあります。

具体的な特例措置は、一つには一三頁の図の一番左の都市計画の制度があります。「都市再生特別地区」という新しい都市計画制度を設けまして、一旦既往の都市計画を適用除外としてフリーにして、新しく特例的な計画事項を決定できるような都市計画制度を設けていること、都市計画を民間等の方々から提案をしていただけるようにしたこと、あとはスピードアップ、そういった施策が打たれています。

もう一つは、図でその隣にあたる金融支援です。民間の方々が都市開発を進めていくには、要は資金調達が必要になります。そこで公的金融で資金調達のすべてを賄ってあげるというのではなく、比較的リスクの高いものの非常に重要なプロジェクトに対して、公的金融で支援することによって信用力を高めることで、民間の資金が調達しやすくなる効果をねらうわけです。さらに、税制上の特例措置も講じられています。

民間都市開発が進んでいきますと、単にそのプロジェクトが一過性に終わるのではなく、民間の開発の担い手がそのまちの管理運営まで携わって、そのまちの魅力づけに引き続き取り組みます。例えば、汐留が有名ですが、いわゆるエリアマネジメントにもつながっていきます。

個別の施策について、もう少し詳しくお話ししましょう。

まずは、都市計画の特例制度を行っている都市再生特別地区というのは、あくまで都市再生緊急整備地域においてのみの特例的な制度です。用途規制、斜線制限、高度地区内の高さ制限、日影規制を適用除外にして、容積率、建ぺい率を別途定めることができます。都市計画の中には幾つか緩和措置がありますが、その中でもこの都市再生特別地区というのが一番大胆な緩和ができる制度になっています。

また、都市再生緊急整備地域において、大臣が認定した民間都市再生事業計画に対して講じられる金融支援と税制特例ですが、金融支援は三形態あります。一つは、都市再生ファンドという別法人があって、そこがそのプロジェクトに対して出資をしたり、事業者の発行する社債を取得したりして、資金を提供します。二つ目は無利子貸付で、三つ目はその事業者が別のところから融資を受ける場合の債務保証です。こうしたことによって、資金調達がしやすくなるということです。

税制上の特例措置につきましては、認定事業者が土地開発をするときに土地を買えばその所得税もかかってきますし、利益が上がれば当然法人税もかかります。そのほか不動産取得税や固定資産税などもかかりますが、それらの優遇、減免があります。また、従前の地権者が事業者に土地を売る場合の地権者側への特例措置も講じて、両者あわせてその事業を進めやすくしています。

民間都市再生事業計画の認定を受けたものは、平成二〇年九月末で全国で二六あります。ちなみに、第一号の青山一丁目スクエアは、ＰＦＩ的な手法を使っています。できるだけ民間の資金とノウハウを生かしていこうということで、賃貸マンション、都営住宅、港区の公益施設、高齢者グループホームなど、多様な都市機能を一体的に整備した超高層複合開発プロジェクトです。

(2)　公共と民間の連携による全国都市再生…都市再生整備計画とまちづくり交付金

次に一三頁の図の右側の列です。「まちづくり交付金」というのは、都市再生特別措置法の改正で平成一六年度にできた制度です。市町村が地区単位で「都市再生整備計画」を作り、その計画に位置づけられた道路、公園、下水道、住宅などや、あるいは市町村の提案に基づく様々な提案事業に対して、おおむね国費で四割負担をして支援します。

この制度のいいところは、国費をどのように充当してもいいという点です。従来のいわゆる補助事業は、何々に対する補助というふうに決まっていましたが、この制度は計画全体に対して国費を配分するので、その計画の中に位置づけられたものであれば、実際どの施設やメニューにどのように国費を充てても構いません。また、補助率に相当する概念としての交付率も、年度ごとに変えられます。計画期間は大体三年から五年ですが、計画期間トータルとして国費の交付率が四割におさまっていればいいという制度です。また提案事業も、いわゆる古典的なまちづくりだけではなく、文化や福祉や商業活性化などの政策にも充てられます。自治体の中のまちづくり部局だけではなく、福祉部局や教育部局などでも使えるということです。このように非常に使い勝手がよいものですから、平成二〇年度当初は、二五一〇億円の国費予算を、全国で八〇七市町村の一四二八地区に使っていただいています。

また、まちづくり交付金と連携した金融・税制支援として、都市再生整備計画区域内で大臣が認定した「民間都市再生整備事業計画」に基づくものがあります。まちづくり交付金で基盤整備を中心としたまちづくりを支援して、それと連携する民間都市開発を金融支援及び税制上の特例措置で誘導していこう、そういう考え方に基づく施策です。地方も含めて、比較的規模の小さいものも応援できるようになっています。

3　中心市街地活性化

(1)　まちづくり三法の成立と改正

都市再生の話はこのあたりにして、中心市街地活性化のお話をしましょう。

中心市街地活性化の問題は、新しくて古いテーマでありまして、正直言って決定的という処方せんがない。本当に成功しているというところというのは、まだ少数です。

単に中心部に機能を寄せるということだけを見ると、ニュータウンのように元々何も無いところに新しく機能を持ってくるならば、機能をコンパクトにまとめるという都市設計も可能でしょう。しかし、今問題になっている中心市街地というのは、既成市街地の中心市街地を活性化する、あるいは集約型の都市構造にするには、どうしたらいいかという問題で、非常に難しい。難しいながらも、国としてはそれができるような政策を用意し、各自治体や首長さんのご判断で活用していただく。それが幾つかのところでは成果を上げているというような状況です。

通称「まちづくり三法」と言っている三つの法律は平成一〇年にできました。その前身の一つがいわゆる「大店法」と言われるものです。大規模店舗と地場の小売商業者との商業調整を規定した法律だったんですが、アメリカから産業障壁だと言われて廃止され、商業機能をまちづくりの観点からもっと誘導していくべきだという議論になり、当時の建設省と通商産業省が連携をして、まちづくり三法ができました。

一つ目は商業系で、大店法にかわって通称「大店立地法」が制定されて、大規模店舗は、周辺の生活環境の保持に配慮を求める手続にのっとって立地しなければいけないことになりました。

二つ目に、中心市街地の活性化をもっと強力に進めていこうということで、今は改正されましたが、旧の「中心市街地活性化法」ができました。当時の建設省と当時の通産省を中心に、関係八府省で推進することになりました。

三つ目は、都市計画法の改正で、従前は一一の類型に固定的に規定されていた特別用途地区を、市町村の判断で、もっときめ細かい土地利用を類型にこだわらずにできるようにする法改正がなされました。

こうした枠組の中でやってきたのですが、中心市街地活性化の取り組みの成果が上がっていないじゃないかという批判、反省が、平成一六年あたりに出てきました。総務省からも、目標どおりにできていない、目標自体があいまいだとの勧告があり、自民党のほうでもこれは見直すべきだということになりました。そこで、国土交通省では、アドバイザリー会議というのを立ち上げてご検討頂き、また、審議会答申を受け、経済産業省の

中心市街地活性化の施行スケジュールと状況

中心市街地活性化法

平成18年5月31日　法案成立
↓ 6月 7日　法律公布
↓ 8月11日　政令の公布
平成18年8月22日　法律施行
↓ → ***中心市街地活性化本部の設置***
平成18年9月8日　基本方針の閣議決定
↓
平成18年9月26日　マニュアルの公表
↓
中心市街地活性化基本計画の認定（平成20年11月11日現在　67地区（66市））
平成19年2月8日（2地区）
富山市、青森市
平成19年5月28日（11地区）
久慈市、金沢市、岐阜市、府中市、山口市、 高松市、熊本市、八代市、 豊後高田市、長野市、宮崎市
平成19年8月27日（5地区）
帯広市、砂川市、千葉市、浜松市、和歌山市
平成19年11月30日（5地区）
三沢市、高岡市、福井市、越前市、鳥取市
平成19年12月25日（1地区）
鹿児島市
平成20年3月12日（8地区）
滝川市、柏市、新潟市、藤枝市、奈良市、宝塚市、久留米市、日向市
平成20年7月9日（22地区）
小樽市、弘前市、八戸市、盛岡市、秋田市、鶴岡市、大野市、飯田市、中津川市、豊田市、大津市、尼崎市、伊丹市、神戸市(新長田地区)、松江市、西条市、四万十市、北九州市(小倉地区)、北九州市(黒崎地区)、諫早市、大分市、別府市
平成20年11月11日（13地区）
伊賀市、岩見沢市、富良野市、山形市、大田原市、高崎市、長岡市、上越市（高田地区）、甲府市、塩尻市、米子市、松山市、山鹿市

都市計画法（参考）

平成18年5月24日　法案成立
↓ 5月31日　法律公布
平成18年8月30日　一部施行
（都市計画提案制度の拡充の先行的施行）
↓
平成18年11月30日　一部施行
（準都市計画区域の見直しの先行的施行）
↓
平成19年11月30日　全面施行
（大規模集客施設の立地規制の強化、開発許可制度の見直し、用途緩和型地区計画の創設等）

方でも審議会でご審議いただいて、平成一八年の国会で、まちづくり三法のうちの中心市街地活性化法と都市計画法を改正して頂きました。

なぜ改正に至ったのかというと、従来の施策の実が上がっていないということとともに、その当時、依然として都市の様々な機能の郊外化・拡散化が進んでいて、それと裏腹に中心市街地の空洞化現象が見られて、さまざまな問題が出ているからではないか、今後の人口減少・超高齢化社会を考えると、都市機能をうまく集約させるような都市構造が望ましいのではないか、という判断に基づくものです。

アクセルとブレーキと言っているのですが、ブレーキについては、都市計画法を改正して、大規模集客施設が建てら

まちづくり三法の改正のポイント

○ 中心市街地活性化法、都市計画法等の改正により、選択と集中による「都市機能の適正立地」と「中心市街地の振興方策」を推進。

1. 基本理念等の創設

○ 地域住民等の生活と交流の場として、社会的、経済的、文化的拠点となる中心市街地の形成を図る。
○ 中心市街地の活性化について、地方公共団体、地域住民、関連事業者が相互に連携して、主体的に取り組み、国は集中的・効果的に支援する旨、基本理念に明記。

2. コンパクトなまちづくりの推進
（都市計画法の改正による都市機能の適正立地）

○大規模集客施設について、拡散立地に歯止めをかけた上で、新規立地については、住民等が参画する公正・透明な都市計画の手続を経て、地域の判断により適正立地を確保。
○病院、学校等の公共公益施設の立地については、開発許可を要することとする。

3. 国による総合的・一体的な支援

○ 中心市街地活性化本部（本部長：内閣総理大臣）の創設
　↳ 基本方針の案の作成、施策の総合調整、事業実施状況のチェック＆レビュー等
○ 基本計画の内閣総理大臣の認定制度
　↳ 法律、税制の特例、補助事業の重点実施　等
○ 支援措置の大幅な拡充
　これまでの市街地整備、商業活性化に、まちなか居住、福利施設の整備等を追加

4. 多様な関係者の参画を得た取組の推進

○ 多様な民間主体が参画する中心市街地活性化協議会の法制化

認定基本計画への支援措置

市街地の整備改善	・まちづくり交付金〔提案事業枠の拡大〕 ・道路、公園、駐車場等の整備 ・まち再生出資〔民間投資支援〕
都市福利施設の整備	・暮らし・にぎわい再生事業 ・共同住宅供給事業に対する支援制度
まちなか居住の推進	・街なか居住再生ファンド
商業の活性化等	・戦略的中心市街地商業等活性化支援事業 ・大店立地法の特例
（上記事業と一体的に行う事業）	
公共交通機関の利便増進	・公共交通移動円滑化施設整備 ・共通乗車船券制度に係る届出の簡素化

れる用途地域の範囲を絞ったり、公共公益施設であっても開発許可を要するようにしたりしました。一方のアクセルは、中心市街地活性化を「選択と集中」の考え方でもっと強化していくことになりました。従来も市町村がつくる計画制度がありましたが、それは国に出すだけで済んでいました。それを内閣総理大臣による認定制度を設けて、関係省庁が重点的に力を合わせて支援できるようにしたのです。まちづくり三法をこのように改正しました。

三法といっても、改正したのは都市計画法（注：正確には建築基準法も連動改正した。）と中心市街地活性化法だけです。中心市街地活性化法は、表題も含めてほぼ全面的な改正でした。計画の認定制度を設けるとともに、合意形成の場として「中心市街地活性化協議会」を法定化しました。また、計画事項は、従来は「市街地の整備改善」と「商業の活性化」という二本柱だったのですが、分析の結果、それだけでは足らないことがはっきりしました。まず、「まちなか居住の推進」を計画事項に盛り込みました。私どもの実証分析データによると、中心市街地活性化にはとにかく人に住んでいただくことが重要で、商業の売り上げ一つとっても、まちなかの居住人口との相関が認められるのです。それから、例えば病院、福祉施設、文化機能といったいろいろな都市の公共公益機能がまちなかにあることが、まちのにぎわいや健やかな暮らしに非常に寄与していることも実証データからわかったので、「都市福利施設の整備」を加えました。これらを公共交通ネットワークでうまく支えていくことも重要だということで、「公共交通機関の利便増進」も入れて、二一頁の図のようにこの五本柱でやっていこうということになったわけです。

都市計画法の改正は、床面積一万m^2超の大規模集客施設の立地について、用途地域がかかっているところは六つの用途地域から三つの用途地域のみ可能とするように絞りました。それから、用途がない「白地地域」は従来規制がなかったのですが、そこでも一万㎡超のものは原則立地不可としました。一万㎡というのは実は非常に大きな規模で、もっと小さいものも規制すべきでないかという議論はありましたが、一万㎡を超えると渋滞を引き起こす可能性が非常に高いということが実証データからわかっていましたので、今回の改正では一万㎡で線を引きました。それから、公共公益施設も開発許可を要するようにしたことも大きな話です。なお、規制をしたといっても、地域によっては大規模なものが必要な場合もあるでしょうから、それは地域の判断で計画的に適正立地できるように、「開発整備促進区」という新しい都市計画制度も規定しました。

(2)　中心市街地活性化基本計画の認定

認定を受けた中心市街地活性化基本計画に対しては、関係省庁、とりわけ経済産業省が商業振興の分野で、国土交通省が商業振興だけではなく市街地の整備改善、都市機能の誘導、街なか居住の問題など、オールラウンドに支援しています。国土交通省の支援とは、具体的には、「暮らし・にぎわい再生事業」、道路、公園、区画整理・再開発などの事業、「まちづくり交付金」、金融支援、税制上の特例措置などでの支援です。

「暮らし・にぎわい再生事業」とは、街なかにさまざまな都市機能を持ってくるための特別な補助制度で、新築だけではなく、空きビルを使って都市機能を導入する場合も対応できる制度です。

それから、合意形成等の場として「中心市街地活性化協議会」というのが規定されて、平成二

○年一〇月七日現在で全国で一二〇の協議会が設置されています。まちづくり会社等の都市機能関係者と、商工会など商業関係者の、両者に必ず入っていただきます。それ以外に市町村、地元の交通事業者、デベロッパー、マスコミ、金融機関、地権者といった方々に入っていただいて、合意形成をしながら計画を作っていただきます。また計画のフォローアップや、協議会自身も場合によっては事業に取り組むことが期待されている組織です。

基本計画の認定基準というのは三つあります。一つ目は、中心市街地活性法に基づいて政府で定められている基本方針に適合することです。二つ目は、中心市街地の活性化の実現に寄与することです。計画をただ立てるのではなく、それ

がきちんと活性化に寄与するかをチェックします。三つ目は、基本計画の実現性です。

中心市街地自体の要件としては、小売業者や都市機能の相当程度の集積、放置しておくと都市機能や経済活力に支障が生じるおそれがあること、その活性化の推進がその市町村及び周辺の地域の発展にとって有効であることが、規定されています。

認定に際しては、準工業地域における規制というのもお願いしています。一万㎡超の制限がかかったのですが、商業地域、近隣商業地域及び準工業地域は依然として立地が可能です。ただ、特に地方圏では一万㎡となるとやはり非常に大きいものですから、「三大都市圏及び政令指定都市」を除く地方都市では、中心市

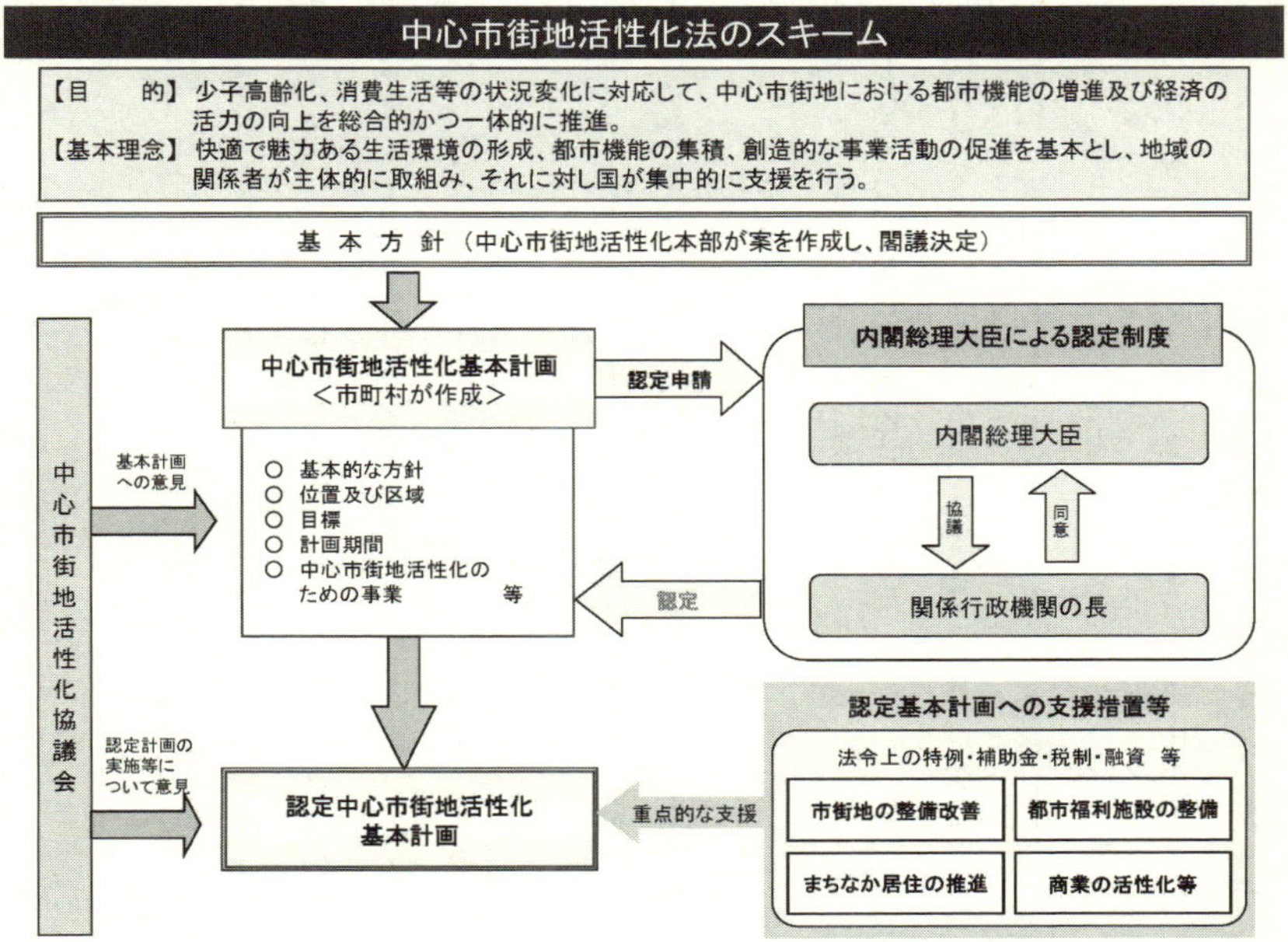

街地活性化基本計画の認定に当たっては、準工業地域においても特別用途地区制度などで一万㎡超のものを規制することを要件にしています。

認定制度の流れは、地元で協議会の意見を聴きながら原案をつくって、国に上げていただき、内閣総理大臣認定を受けると重点的に支援が受けられるというものです。計画に当たり、具体的に目標を掲げていただくこと、目標を達成するにふさわしく、しかも実現可能な事業がきちんと位置づけられていることがポイントになってきます。それから、それを誰が実施していくのか、地域の担い手の取り組みが重要です。絵空事ではだめで、担い手や体制があるのかもポイントになります。

基本計画に記載すべき事項には、活性化の目標が含まれます。目標はできるだけ数値目標でということです。計画の目標は、中心市街地の歩行者数や通行量、街なか居住の人口、小売商業の売上額などが多いです。

(3)　中心市街地活性化の考え方①…コンパクトなまちづくりをめぐって

ここからは考え方のお話です。中心市街地の活性化では、コンパクトなまちづくり、かたい言葉で言うと集約型の都市構造を目指します。郊外等に一万㎡超のものが立地することを規制して、必要に応じてそれ以外のものも含めて規制しつつ、サブの拠点も含めた中心部のある程度まとまった範囲に機能を寄せて、そこに都市機能や投資、サービスが誘導されるような都市構造を目指すことが、今後の少子高齢化社会においてふさわしいのではないかということです。ただ、それでなければいけないというのではなく、そちらのほうが望ましいのではないかという意味です。そうできるように法改正をしてツールを用意したところ、市町村のほうでもそれを利用して取り組んでいるということです。

中心市街地活性化基本計画の認定をとった第一号でもある、青森市と富山市の取り組みが有名です。青森市は、もともと雪が多くて除雪費用がばかにならず、郊外化が進めば進むほど除雪費用が大きくなり、それを何とか食いとめたいという問題意識から、土地利用と一体なったコンパクトシティづくりを目指しています。富山市は、公共交通に着目して、ＬＲＴ（軽量軌道交通）という新しい公共交通をＪＲから引き取って路面電車の形で導入し、バス便にも力を入れて、公共交通沿線に都市機能を集積させていこうという考え方に立っています。その都市構造は、串とお団子と呼ばれています。そのほか、計画区域を旧法の時の基本計画から絞り込んだり、またテナントミックスをしたり、昭和のまちづくりというコンセプトで取り組んだり、いろいろな事例が出てきています。

それぞれの計画そのものは、一生懸命皆さん知恵を絞って考えられたので、どの計画もその当地にとってはある意味では正解です。ただ、それが本当に計画どおりにいくかどうかは、まだほとんどのところは計画ができたばかりですので、時間をかけて見守っていく必要があると思います。

ちなみに、まちづくり三法関係だけでなく、いろいろな補助事業があってよくわからないというお話も聞きますが、中にいると、自ずと役割分担があるので、そんなにたくさんあるとは正直思わないのです。ただ、市町村はわからなければ県に相談していますし、県も国の出先機関の地方整備局と連絡調整していろいろな情報をとりながら、その土地に一番ふさわしい事業制度をうまく駆使して取り組まれています。事業ありきではなくて、何を解決してどういうふうにもっていくのかというのをよく議論していただいて、方向性が見えてきたらそれにふさわしい事業制度を見つけていくということが重要です。事業は後からついてくるものだと考えていただくとよいかと思います。

それから、中心市街地活性化とは「中心市街地のまちづくり」だといつも言っています。商業や商店街の活性化だけではなくて、都市のきちんとしたマスタープランに基づいてやってくださいということです。中心市街地活性化基本計画自体も、五年の計画と言いながら、もっと先を見たビジョンの部分と、五年で答えが出るような比較的短期の事業のプログラミングの部分と、両者の性格をあわせ持った計画ですので、その点を地元でよく議論して計画をつくっていただきたいということです。そのときに、都市空間の管理運営、市民の参画、経済循環などが重要な視点です。

また、多様な利害関係者がいらっしゃるので、中心市街地活性化協議会を通じて合意形成をしながらやっていただきたいです。やはり民間の方々の役割が重要で、行政と民間の間に入ってうまく調整をとりながら、あるいは自分が事業をしながら取り組んでいく主体として「まちづくり会社」が設置されています。中心市街地活性化協議会にも参画しています。実態は第三セクターですが、まちづくり会社に非常に期待をしています。実際に、飯田まちづくりカンパニーのように地域に根づいて大きな成果を上げているところがあります。何か大規模プロジェクトをやり遂げたといった意味ではなく、一つ一つは小さいことであったとしても、その地域の活動にかかわって、あるいはそれをおぜん立てして、それが市民の満足につながっていると、そういう活動が非常に重要なのではないかと思っています。

中心市街地活性化のまちづくりが進んでいけばいくほど、行政の役割が相対的に小さくなり、民間の方々を支援するという役割に変わっていくべきだろうと思っています。民間の方々の役割が大きくなったときに、うまくリーダーシップをとるのがまちづくり会社ではないかと期待しています。まちづくり会社の方々が、情報交換しながら取り組めるようにということで全国の連絡会議を設けて、情報交流のお手伝いもしています。

(4)　中心市街地活性化の考え方②…法改正の評価と数値目標

ところで、今回の法改正が有効だったかというのは非常に評価が難しく、評価には時期尚早だと思います。ただ、新しい中心市街地活性化法では、選択と集中の考え方から、本当にやる気のあるところについて認定をして支援していくことになっていますので、従来に比べれば数はぐっと絞り込まれているわけです。そういう意味では実が上がるところが手を挙げているわけですから、前よりは確かに成果は出るのではないかとは思います。計画に位置づける事業についてもかなり厳選をしていますが、小さいことでもいいからできることから着実にやっていこうと考え方に基づいて、各市町村が検討立案されていますので、そういう意味でも期待はできるかと思います。

それから、政令市から人口二万人ぐらいの小さい市まで認定を受けていますので、都市の規模に関わらず、本気で取り組まれるところには有効に使っていただいているのかなと思います。あとは、この中心市街地活性化の取り組みのせいかどうかはわかりませんが、地価は今全体として下がっているのですが、認定市において地価が少し上向き加減になっているというケースは聞いたことがあります。

結果が出ているかどうかというのは、例えば長野市とか宮崎市など、自治体によっては計画に位置づけられた目標のフォローアップ調査を行って公表しています。そういったところは、今のところは目標どおり順調に進捗していると発表しています。

認定基本計画では、定性的な目標とともに、具体的な数値目標を位置づけていただくようになりました。学術的な分析の仕方でいくと、例えば人口を挙げる場合は人口密度を見るべきではないかとか、機能の集積度も何か一定の広がりをとったエリアをとって、そこに対して外と比較してどのぐらい機能が集積しているかを見るべきだとか、あるいは公共投資額で見るべきではないかとか、様々な議論はあります。ただ、行政というのは立てた目標について進捗管理ができないといけません。そうすることで市民に対して説明責任を果たすという立場もありますので、ある程度わかりやすく確実に計測できる指標が選ばれているという実態がみられます。だから、通行量や、まちなかの居住人口などが、結果的に選ばれていますが、これらだけで中心市街地の活性化を評価していこうという意味では必ずしもありません。

実際の計画書を見ていただくと、ソフトもハードも含めて、結構小さい事業も位置づけられています。個人的にはそのようにいろいろなことを、小さくてもいいから少しずつやっていくことも大事だと思うのです。それがいわゆる持続可能なまちづくり、サステイナビリティにつながっていくのではないかと思っていまして、それをまた市民の方々にアピールをして、ご理解をいただきながらやっていくことが重要だと思います。

計画書の中では、定性的な目標に絡めて、こういう考え方でこの数値目標を選びますという説明は記載されています。また、その後に事業が並んでいるわけですが、Ａという事業をやることでこれだけ寄与できて、Ｂという事業をやることでこれだけ寄与できる、合算するとトータルでこの目標が達成されます、といった説明はついています。そういったところが認定するに当たってのチェックポイントの一つになるものですから、市町村は、その辺りは大変苦心して計画にまとめられているというのが実態です。学術的にはどう評価されるか分かりませんが、そうした実態はご理解頂ければ幸いです。

4　おわりに

中心市街地活性化の考え方を理解するのも大事なのですが、考え方をいくら勉強しても結局は実践をしないと意味がないわけです。地域は実践を求められているわけです。また、首長、つまり市町村長のご意向と、議会のご意向というのが非常に大きいのです。

ですから、若い皆さんにはぜひ、できるだけ全国のまちを自分の目で見て感じていただいて、できれば地域の人の話も聞いていただきたい。行政の人や、地元のまちづくりに携わる方々―まちづくりに携わる建築士やコンサルタント、あるいは商業者の方や、商工会議所の人などが必ずいますので、そういう人の話も聞いていただいて、その地域、地区がどうあるべきかということを自分なりに考えていただきたいのです。実際に実行に移すのは行政や地域の民間の方々ですが、自分がやるとしたらどんなことがやれるのだろうか、どうしなければいけないのだろうかということを、問題意識を持ってふだんから考えていただければよろしいかと思います。若い皆さんのこれからのご活躍を願っています。

Ⅱ　都市計画制度

脇山　芳和
（国土交通省都市・地域整備局都市計画課　企画専門官）

１　現行都市計画法の誕生

今日は、都市機能の再編と中心市街地活性化という課題と対応策を考えていく際に欠かせない基礎となる、都市計画制度の概要をお話して、皆さんの思考のお手伝いをしたいと思います。

まず、日本の今の都市計画法というのは昭和四三年にできました。都市に人口が集中する状況のもと、本法は都市の無秩序な拡大を抑制して、効率的に公共投資をして、都市を整備する上で大きな役割が期待されていたということです。都市がどんどん広がっていったら、その分公共団体は道路や下水道をつくったりしなければいけませんが、財政上の問題がある。あるいは、都市が広がった分農業や自然環境をつぶしていくことになり、それも避けたい。都市をできるだけコンパクトに収めて、そのかわりに今ある市街地はきちんと整備していくことが目的だったわけです。

第二次世界大戦以降の三〇年間で大都市圏の人口がどんどん増えて、約三〇〇〇万人増加するなど新都市計画法ができた昭和四三年には、既に郊外部に相当な市街化が進んでいました。そういった状況の中で、若干遅きに失したということはありますが、このままではいけないという強烈な問題認識があったのです。

そのよう意義のもと、現行の都市計画法には三つほどポイントがあります。国土の均衡ある発展と公共の福祉の増進によって、美しい国土をつくっていきましょうということが一点目です。二つ目は、いい街をつくっていくためにはある程度のルールが必要ですので、そのルールの適用について公平性や透明性を確保していこうということです。それから三つ目が、民主的な手続を位置づけるという、ルールの妥当性を確保したということです。

ところで、次のうち都市計画が及ばないところはどこだと思いますか？　①富士山の山頂、②国会議事堂、③農地、さてどれでしょう。答えは、富士山の山頂です。

都市計画が及ぶ範囲としてはあらかじめ「都市計画区域」という指定をします。細かい基準はありますが、都市化のおそれがないところは除外されます。当然富士山の山頂というのは、一般の住宅とかショッピングセンターがつくられる心配はまずあり得ませんので、そういうところは外されるわけです。

一方、都市計画区域の中ならば、だれの土地だろうと国会議事堂だろうと計画の対象になります。また、都市計画法の大きな目的の一つとして、都市と農地の適正な土地利用配分があります。したがって、農地がたくさんあるところは逆に開発するなという意味で都市計画上の規制がかかっているわけです。

そういうことで、昭和四三年に都市計画法の制定がなされました。基本的には都市計画区域区分制度と開発許可が創設・導入されたこと、四用途地域から八用途地域になったこと、決定権を地方公共団体に移譲して決定手続を民主化したということ、これだけ覚えておいていただければと思います。要するに、開発していいところといけないところを分けたということと、あとは土地利用の規制上の区分をちょっと詳細化した。また、決定手続の民主化というのは、都市計画はそれまで特に住民の意見も聞かずに、国が基本的に決めることができる形だったのに対し、新都市計画法においては住民の意見を聞く手続きを義務づけ、都道府県とか市町村に決定権限をおろすということも同時に行いました。

話を戻しましょう。とにかく、都市計画区域というのをまず設定するわけです。先ほど、都市化のおそれがないところは外されると言いましたけれども、具体的に幾つかの要件がかかっています。まず、市であれば都市計画区域は設定できます。また、町村であっても人口がある一定規模以上であるとか、温泉とかその他観光資源があるとか、あるいは災害で緊急的にきちんとした都市計画が必要だというような場合には、設定ができます。町村であっても、ある程度の都市的な状況があれば都市計画区域に設定をされるということです。

次にどういうルールに基づいてどういう制限をしているのかと言うと、地域を区分して、あらかじめ建てられるものと建てられないものを決めています。付加的なメニューとして条例で制限を付加することはできますが、基本的には国のほうで地域毎にこれを建てることができる、これは建てられないとあらかじめ決めてメニューを準備しています。もちろん憲法により、法律に基づかない私権の制限は基本的にはできません。最近は若干解釈が違ってきていることもありますが、少なくとも昭和四〇年代は権利の制限というのは法律に基づいてしっかりやるべきだという思想の中で、基本的には全国一律に決められたということです。

2　都市計画の手法

(1)　都市計画の種類

都市計画にはどのような種類があるのかということですが、先程話したようにまず「都市計画区域」「準都市計画区域」としてフィールドを決めるわけです。

次に都市をデザインするということで、「区域マスタープラン」「市町村マスタープラン」を決めます。

次に市街地の大枠を決めるということで、「市街化区域」と「市街化調整区域」の区域区分をします。先ほどの農地というのはこの市街化調整区域になっていくわけです。

今度は市街化区域の中につきまして、「用途地域」などの地域地区や「都市施設」を決めていきます。その市街地の中の都市機能の配置や、道路など必要な都市施設の位置を決めるということです。

なお、市街地の大枠は決めるわけですけれども、どうしてもローカルルールできめ細かくやらなければいけないケースもあります。そういった場合には、別途ミニ都市計画ということで、「地区計画」というものも準備されています。

ここまでは全部図にかけますが、そのほかに主要事業というものも都市計画に位置づけることができます。これはむしろ「計画」というより「プログラム」的な性格を持っています。モノの配置や位置を決めることを主とする都市計画法の中では、少し異

土地利用計画制度の構成

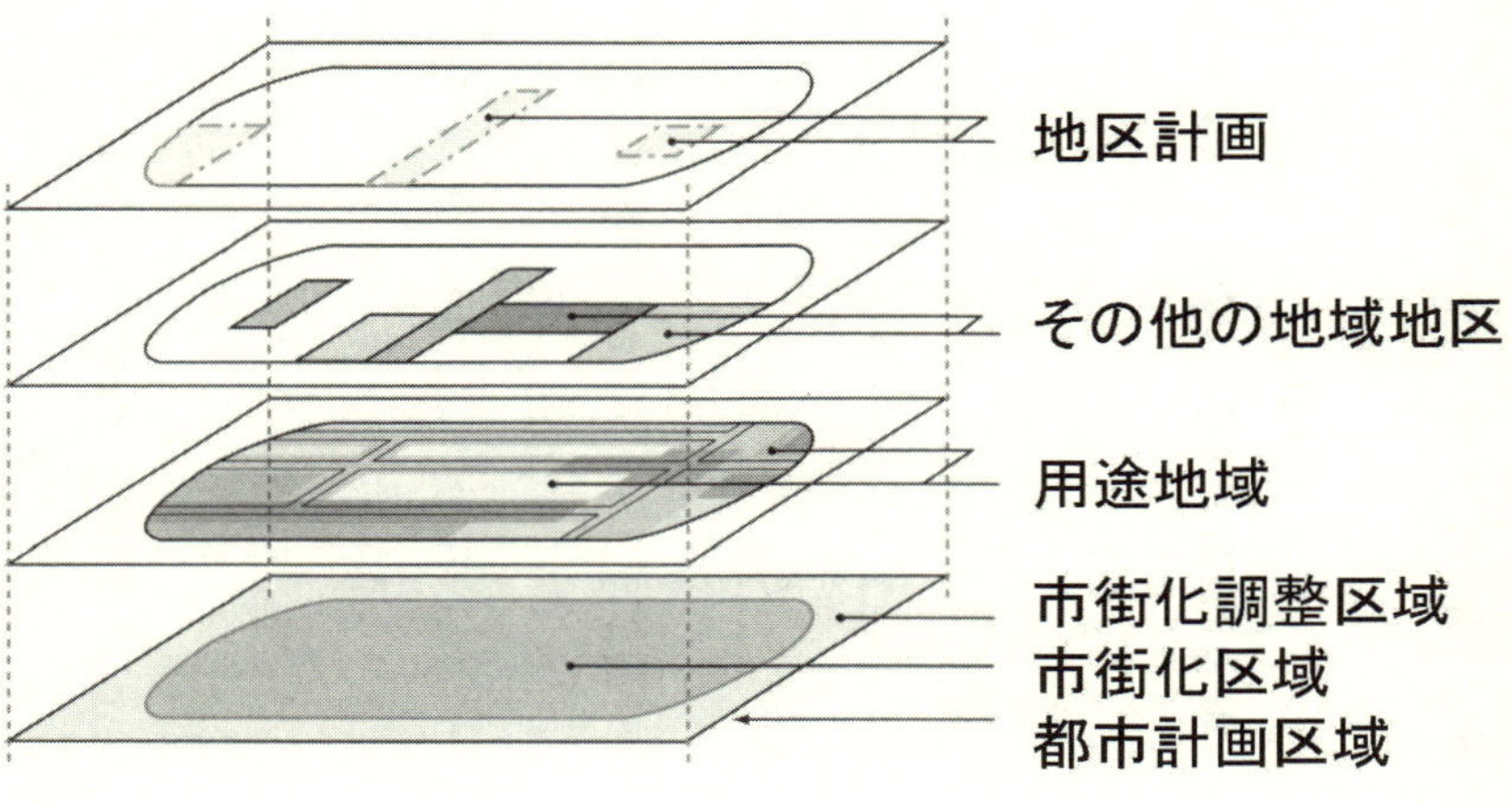

質ですが、大規模な事業というのは計画的にやっていくべきなのであらかじめ位置づける、ということで、どこで再開発をやるか、どこで区画整理をやるかなどということを定めることができることになっています。

ちなみに、全国土が約三八万㎢のうち、都市計画区域に決められているのは約四分の一ぐらいです。その中で市街化区域は、さらにその四分の一ぐらいです。したがって、市街化区域というのは国土の一六分の一ぐらいで非常に狭いのですが、その中に約九〇〇〇万人の人が住んでいます。このことから、市街化区域を設定している意味が想像できるのではないかと思います。

土地利用規制のメニューという観点からみると、大きく二つの方法があります。一つは先程申し上げた区域区分、建てていいところと建ててはいけないところを決めるということです。もう一つは用途地域ということで、これは相隣関係維持のためのルールになっています。ただ、一定の混在は許容していますので、想定していなかった用途がある程度入ってくることはやむを得ません。

(2)　市街化区域と市街化調整区域

まず、区域区分についてですが、先ほど申しましたように計画的に市街化を図るために都市計画区域を黒か白かでまず分けるということです。市街化区域というのは既に市街地を形成している区域と、これから市街化をさせていくところの二つです。

それでは、市街化区域の規模は何に基づいて決められているのでしょうか。今後の開発量の見込みや、市町村の財政規模などではなく、人口規模で決めることになっています。これからどれぐらい人口が伸びていくだろうかということを予測しながら、それに対応して市街化区域を決めています。今後一〇年間の人口を予測した目標値を人口フレームと呼ぶのですが、それを所与の人口密度で割り戻します。これは、ヘクタール当たりで大体四〇人以上大体六〇人以下です。そこは各地の運用によって違いますが、まず人口がどれぐらいふえるかを予測しながら市街地化区域の規模を決めていくということです。

ここで、実は今、大きい問題に直面しています。人口減少です。人口規模で市街地規模が決まるならば、人口が減少をすると市街地はしぼませなければいけないということになりますが、現実的ではありません。これは、昭和四五年に決まったルールで、今まではよかったのですが、各自治体も非常に困っています。今見直しをしている自治体は、隣の市町村から人口を集めてくるからと言って、ぎりぎり何とかやっていますが、次の見直しのときはちょっと難しいでしょう。新たに別のルールを設定しなければいけないと思います。

新都市計画法の制定以降、これまでは概ね人口は伸びてきたわけですが、市街化区域の面積というのはそんなに増えていません。しかも、増加分の人口は市街化区域内で吸収しています。一方市街化調整区域は増えていて、都市化の圧力の増加に対応して開発をきっちりコントロールするエリアも増やされていったということです。

次に、市街化調整区域の行為の制限についてお話しします。市街化調整区域では、今は原則としてすべての開発行為が許可の対象になります。以前は、病院とか学校などの公益施設の開発の許可は要らなかったのです。そのために、どんどん郊外に公益施設が出ていってしまうという状況でしたが、それではだめだろうということで、まちづくり三法の改正時に基本的に原則全部許可の対象ということにしました。

一方で、開発行為が制限されるとは言っても、必ずしもショッピングセンターやアウトレットモールは絶対建てられないということではありません。地区の詳細計画を都市計画として定めれば、それに適合するショッピングセンターを建てることもできます。

ちなみに、一生懸命中心市街地を活性化しようと言っているのに、中心市街地から外れた調整区域にショッピングセンターがぼこんと出てきてしまっていることがある。実は、平成一八年のまちづくり三法改正前は、地区計画がなくても、一定規模の開発であれば基本的に開発を許容する条項がありました。戸建て住宅地をイメージした基準で、ある程度のまとまりがあったらそれで一つの完結したコミュニティーをつくれるだろうと、二〇 haを超える開発については基本的に市街化調整区域でもいいですよということになっていました。その条項の濫用により商業施設も建ってしまったわけです。ただ、今は改正されて、少なくともそういう状況は免れています。

とはいえ一方では、市街化調整区域の開発許可により、市街化を十分にコントロールできているかというと、そうでもありません。農家用の住宅などはもちろん、市町村によっては幅広い例外的な措置を設けている例もあり、それが抜け道になっていたりします。

なお、法律により大都市圏や政令指定都市だけは市街化区域と市街化調整区域の線引きが義務化されていますが、それ以外の地域は基本的に線引きをするか否かについて選択が可能です。これだけ人口減少が起こって、あるいは農地や自然を守るべきだ、環境だという割には、地方都市ではまだまだ開発意向が強く、また、自動車があればどこでも〝開発適地〟になるわけですから、線引きがあると邪魔だと考えるようです。線引きがないほうがいろいろなところに建物が建てられるから地域の活性化にもつながると、正しく理解しているのか勘違いしているのか別として、そのように思っている市町村も結構増えています。

(3)　用途地域

今度は三七頁の図の二・三層目の、用途地域などの地域地区について説明します。

地域地区というのは、市街地の中を幾つかのゾーンに区分して、それに対応して建築規制をするという制度です。都市計画法は建築基準法と非常に仲のいい法律でして、都市計画法に基づき用途地域を定めますが、各々の建築物の規制内容等は建築基準法で規定をし、確認等の手続を通じて実現をしています。

なお、我が国でゾーニング制度が初めて導入されたのは大正八年です。このときに、商業地域と住居地域と工業地域の三つの用途地域が定められました。基本的には大都市だけをターゲットにした制度であり、しかも大都市ですら定めても定めなくてもいいという形になっていました。しかし、既に旧都市計画法においてゾーニング制度は設けられていた。すなわち、関東大震災の前にはもう既に都市計画という枠組みはできていたということです。

昭和二五年にはＧＨＱの指揮のもとに建築基準法が定められて、先ほどの建築確認制度ができました。今は市役所や町役場や都道府県庁が担当しているのですが、昭和二五年以前の規制は警察権限で行っていたそうです。

　昭和四三年に現行の都市計画法が制定されて、八用途地域などが決まったのは昭和四五年です。一九八〇年代の安定成長期に入ると、市街地環境に対する関心が高まってきて、もう少し量より質の、きちんとした環境をつくりたいということで、さらに詳細な土地利用規制に移行しました。その後も土地利用規制は詳細化の歴史をたどって、最近では景観法が制定されています。

　現在の用途地域は、第一種低層住居専用地域から工業専用地域まで一二の用途地域があります。ちなみに、用途地域は二万五〇〇〇分の一とか一万分の

一の地図に具体的に場所がプロットされていて、だれもが自分の土地に何の用途地域がかかっているかを見られるようになっています。

さて、具体的な規制の方法についてですが、まず、道路をつくったりとかあるいは造成をしたりなどの土地の性質を変えるような大規模な開発であれば、ある程度の整備水準を確保するため、開発行為の許可制度が設けられています。

次に、建築物を建てるときには建築基準法に基づく建築確認ということで、用途地域にセットされた用途制限に関して、着工前に行政庁の確認を得ることになっています。用途地域では建ぺい率、容積率も必ず定められます。また、用途地域によっては高さ規制も付随しています。これらの基準は完全に事前明示されていて、建築確認制度ではこれら基準へのネガチェックしかしません。言い換えると、用途地域制度下では、制限内容に合致していれば無条件に建てられてしまうのです。

一方で用途地域が定められていない都市計画区域というのもあります。いわゆる都市計画区域だけを指定しているということです。当然、市街化区域と市街化調整区域の線引きもしていませんので、そういったところは都市計画区域の「白地」と呼ばれています。開発許可、建築確認は都市計画区域にはかかっている限り必ず必要になりますので、開発・建築行為が起こるときは、ひとまず行政の目は通るという意味だけの都市計画区域もあるということです。

容積率というのは総床面積を敷地面積で除した数字です。建ぺい率というのは、建築の水平投影面積を敷地面積で除した数字です。例えば、建ぺい率一〇〇％のところは一階建てで埋めつくすと容積率一〇〇％、建ぺい率一〇〇％で総二階建てだと二〇〇％ということになります。ちなみに、東京都区部で都市計画で定められた容積率指定の平均は二五五％、実際の使用容積率が一五三％です。建ぺい率五〇％だと二階建てでようやく容積率一〇〇％です。ちなみに、住居系では建ぺい率は最高でも六〇％までです。商業地域の建ぺい率で基本的に都市計画で定めることができるのは最大でも八〇％までですが、実際は隣と全然すき間のないビルが世の中たくさんあるのをご覧になるかと思います。あれは建築基準法の特例で、角地で防火地域であれば二〇％加えることができるので、指定の建ぺい率制限八〇％のところにプラス二〇％、つまり一〇〇％まで建ってしまうということです。

なお、建築物には、接道義務というのがあって、建築物の敷地は道路に二メートル以上接する必要があります。また、四メートル以下の場合は、建てかえる際に中心線から二メートルセットバックしなければいけません。後者は結構厳しい制限で、最近は問題にされているケースもあります。例えば町並みができていて、狭い路地に歴史的な建物が並んでいるようなところを本当に無理やりセットバックしなければいけないのかといったような問題です。京都では、狭い路地に町家が並んでいますが、四メートル以下の路地のケースが多いので、そのような場合には下手すると町並みを破壊する要素にもなりかねないということです。

また審査は、書類審査だけです。ここで書類審査だけだったら、実際にその土地の状況とか違っていたらどうするのかということになりますが、違反というのは事実行為が発生して初めて処分の対象になります。建てられてそれが違反建築だったら、そのときはだめだと言えるのですが、それまでは基本的には何も言えないというのが原則です。

ちなみに建築確認制度というのは、先述の通り全く裁量がありません。その結果どういうことが起きるかというと、まわりが全て戸建て住宅でも、例えば容積二〇〇％、建ぺい率六〇％という指定をされている第一種住居地域で、マンションが建ってしまうわけです。住民からはマンション反対という意見が出ても、行政はなすすべがないのです。

ちなみに、この写真は商業地域に指定されている地区の例です。ポイントは、商業地域に住宅は建ててはいけないという制限はないということです。また、住居地域などであれば日影規制がかかりますが、商業地域では日影規制がありません。このため、マンションが次々に直前に建っ

ていたマンションの日照を奪う形で建ってしまい、連鎖的に日照のない状況を生じてしまったのです。こういうのをドミノマンションと我々は呼んでいますが、商業地域ですから住環境を一義的に守る規制がしかれていないので、こういった問題が発生してしまうのです。このように、マンションというのはいろいろなところに建ってしまっていますが、余りにも今の用途地域はゆる過ぎるのではないか、必ずしも我々の思い描いていた用途地域の姿になっていないのではないかというのが、我々の一番の問題認識です。

昔は、工場の騒音とか工場からの振動があるので住宅が立地することころでは、工場立地を制限して公害から守ってあげましょうということだったのですが、最近は逆です。せっかく一生懸命頑張っている中小規模の工場でも、マンションが建つと新しい住民にうるさいと言われて、操業環境が阻害されてしまう可能性があります。これまでは住宅は立場の弱い用途、工場は立場の強い用途、あるいは悪い用途というふうに考えられていましたが、地域によってはむしろ逆転現象が見られることもあります。

(4)　その他の手法

我が国のゾーニング制度には、用途地域以外にも幾つかのメニューがあります。これらのメニューを重ね、制限を強化することによって、その土地その土地にあった望ましい都市計画規制を実現していくということです。例えば用途規制を付加したり、高さについて少し規制を厳しくしたり、あるいは建物の防火性能を規制したりするためのメニューがあります。また、規制緩和型では、容積率をもう少し欲しい、高度利用したいという場合のメニューや、地区計画として、いわばミニ都市計画のように公共施設と土地利用とを一体的に決める場合もあります。

例えば大手町・丸の内地区は、「特例容積率適用地区」と「都市再生特区」という地域地区が指定されています。この地区には一三〇〇％の容積率が指定されていますが東京駅舎があまり高度利用されていないので、その分周辺の建物に余った容積率を移し、一方で、東京駅は容積率を三〇〇％弱まで抑えています。東京駅は昔はれんが造の三階建てだったのですけど、空襲で三階部分がなくなりました。それを今もう一度復元、再整備するための手法の一つとして活用されています。

今までは土地利用の話をしましたけれども、施設の話も少ししたいと思います。道路は都市計画の一部として決定できますし、病院、学校、ごみ処理施設、公園、下水道、河川など、都市に必要なありとあらゆる機能について、基本的には都市計画決定できます。一方で、決定する内容については、例えば、道路について、幅員は決定できますが、バス専用レーンはどこにも位置づけられません。これからは、都市をつくっていくためには公共交通との連携は非常に大切です。現在、鉄道とリンクする方法はあるのですが、バスという公共交通についてリンクする手法がないので、例えば、これは制度上の一つの課題かと思います。

それから、都市計画事業の話も少し触れておきたいと思います。ここまでの話では主に規制について触れてきましたが、今度は定めた都市計画を実現するために、行政がポジティブに事業を起こす場合の話です。例えば、市街地再開発事業や土地区画整理事業、新住宅市街地開発事業などの面整備事業のほか街路事業もその一つです。

多摩ニュータウンはその整備手法として新住宅市街地開発事業や土地区画整理事業でやっています。土地区画整理事業とは市街地の外の郊外部の田畑で計画的に市街化を図らなければいけないところを、みんなで土地を出し合って道路を整備して、道路内容、区画を整備していくというような方法です。再開発事業は、密集市街地や駅前などをみんなで権利制限をした上で、共同ビルや駅前広場などをつくっていきます。

(5)　地区計画

最後に地区計画です。これまでお話したように、都市レベルで用途地域や付加的なメニューで土地利用規制を定めて、別途都市のために必要な道路とか公園については都市計画施設として決定するのが主な手法ですが、もっと小さい地区単位でのローカルルールには十分対応できません。日本全国の市街地を一二の用途地域のどれかの類型に当てはめようということ自体がそもそも無理な話です。それを補完するために、地区詳細計画を定めて都市計画として決めれば、それを地域ごとの新たなルールとして置きかえましょう、という方法が地区計画です。また、用途規制だけではなく、小さいポケットパークや区画道路レベルのものも定めることができる、いわばミニ都市計画のシステムになっています。都市への居住者が増える、あるいはライフスタイルの多様化を受けて、市街地によりよい環境を求めるニーズが高まって、地区計画はどんどん増えてきています。

とはいえ、地区計画制度は、地区にとって必要なものは何でも定められるわけではありません。例えば最近あった事例ですが、環境に優しいまちづくりを銘うった地区で、環境目標を地区計画に定めたいということがありました。しかしながら、地区計画にはCO_2排出量の削減目標などは定められないわけです。あるいは、管理的な要素までは対象にできません。また、この地区では一年に一度草刈りをしよう、といったことは定められないわけです。ですから、その地区の将来にとって必要なことであっても、そこは制限の内容としては限界があります。また、ここを平面駐車場にしてはならないという制限もできません。地区計画では、あくまでも建築物に関する規制と、あとはどこを公園とか道路にするかということしか定められないということです。

(6)　都市計画の決定

基本的には、都市計画は市町村決定です。ただし、三大都市圏の用途地域については、都府県が決めます。また、市街化区域の線引きや、一つの市町村を超えて利用される施設など、広域の見地から決めるべきものは都道府県が定めます。都道府県が定めるものは、国に同意協議が上がってきます。都市計画についてどれを誰が決めるかは、すべて法律に規定されています。

ちなみに、フランスの都市計画制度などは、市町村がきちんと能力を持っている場合は市町村がやってもいいけれども、そうではないときは都道府県にあたるレベルがやる形になっています。それに対して日本では、基本的にどれをだれが決めるかというのは階層固定的に決まっています。

例えば、上記の三大都市圏の用途地域の場合は、より国に近いところでコントロールしたいというのはあると思います。三大都市圏というのは国策上も非常に重要なところですので、せめて都道府県がきちんと決めてほしいということです。とはいえ、都道府県決定の都市計画であっても実際はほとんど市町村の素案をベースに都府県が形式上定めているケースも多いですし、また、都道府県から協議が国のほうに上がってきたときに、国としてほとんど実質的な意見は言っていないという状況もあります。ただ、何か起こったときのためにやはり国なり、都道府県なりが是正できるような措置は設けておかなければという問題認識はあるわけです。

イギリスは基本的に市町村とか都府県に任せていまして、報告義務だけを課しています。報告を受けて問題がある場合だけ、国がちょっと待てと言えるようになっているのです。このように、全件網羅的に都道府県決定あるいは国関与型ではなくて、何か問題が起きた時にもの申す権限だけは留保しておくというパターンもありえるだろうとは思います。

市町村での都市計画決定の手続をみてみましょう。都市計画の案をつくって二週間、誰でも見られるような形にして、誰でも意見を言うことができます。民主的な手続と言っている部分はこの辺りです。それを審議会に付議して、必要に応じて都道府県知事の同意をもらって、お墨つきをもらって都市計画決定をするという流れになります。

住民の方々が都市計画を提案することもできます。ただし、提案者は土地の所有者かまちづくり法人に限られるので、マンションやアパートを借りて住んでいる人はできないということになります。

3　これからの展望

ここまでが基本的な考え方です。最後に都市計画制度を考えるに当たってのこれからの展望についてお話しします。

人口減少社会が到来して、どんどん人口が減ってきますので、基本的には都市の拡大を止めてコンパクトにしていくべきなのですが、一方で郊外部では耕作放棄地がふえていて、都市化の圧力でない、別の脅威にさらされていたりもします。

また、市街地の中はどんどん空家率がふえていて、空洞化が進んでいる状況です。例えば商業地域内に空店舗が発生する状況は、都市計画制限では今はどうにもできません。規制というのは、行為が出て初めて効くものですから、行為が出ないところではいくら規制しても何もできないのです。事業制度を通して行政が実際にポジティブに手を突っ込んでいくのも、財政上の問題からままならない状況があります。そういった中で、非常に難しいが、やはり何かできないかというのが、大きな悩みでもあります。

公共公益施設の移転も、まちづくり三法の改正で開発許可の対象となったとはいえ、進んでいる状況もあります。写真の例などは、小学校は出ていく、保健センターは出ていく、病院も出て行くという大変な状況を表しています。このように、人口が減っても都市がどんどん拡散していく、これをどうにするかというのはこれからの大きな課題です。

　そのほかにも問題認識として、やはり用途地域がゆる過ぎるのではないか、戸建て住宅の中に無造作にマンションが建つのはやはりおかしいのではないかということがあります。また、線引き制度についても、線引きをしていなくて用途地域も決めていないような白地のところは、それこそゆるゆるの都市計画で、開発業者のターゲットになりかねない。一生懸命まちづくりをやろうと思っているところは線引きをするのですが、隣がゆるゆるの規制をしていると、どんどんそちらに開発が逃げていき、せっかくよいまちづくりをしようとしてもよい投資が呼び込めないという状況も生まれてきます。こういった問題をどうする

市街化調整区域に立地する病院・福祉施設の事例

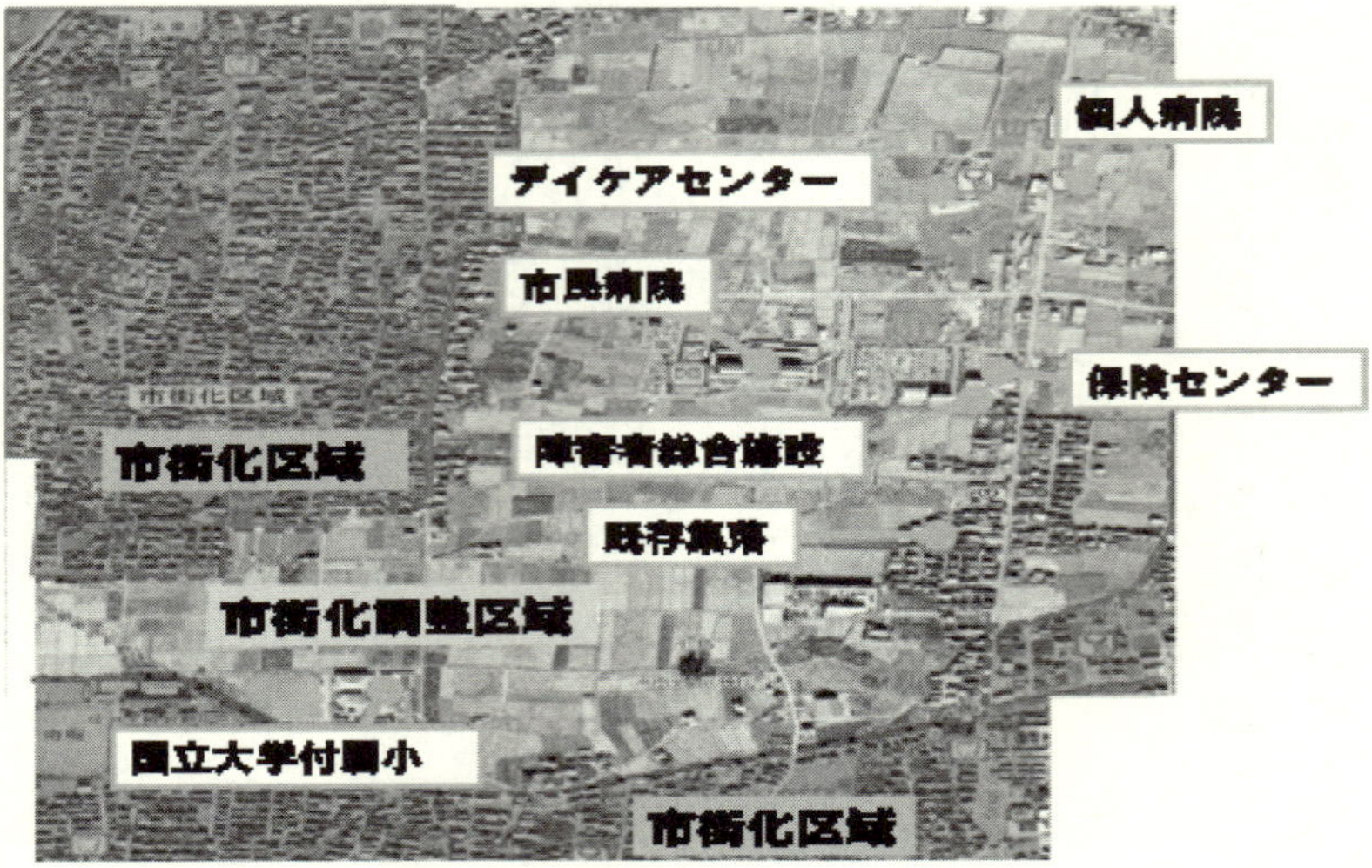

かというのも大きな問題です。

こうした中でまちづくり三法が改正されました。公益施設の立地についても許可を必要としました し、大規模集客施設については立地できる用途地域が絞り込まれました。また、都道府県の関与も強めました。というのは、ショッピングセンターなどは広域的な影響が強いこともあって、都道府県の調整権限を強化する必要があったからです。これからも、まちづくり三法の延長上で、今後さらに集約型の都市構造を進めるために、都市計画法の抜本改正に向けて着々と準備を進めていきたいと考えています。

第2章　都市の活性化とまちづくりの現場

Ⅰ　まちづくりの現場が直面する課題…流通・まちづくりの視点から

及川　亘弘（㈱流通・まちづくりコンソーシアム代表）

1　流通政策とまちづくり　その歴史的変遷

私は、セゾングループという流通グループのセゾン総合研究所で消費動向調査、流通・サービス産業研究、地域活性化・まちづくくの研究を続けて参りました。現在は、全国の中心市街地の活性化やまちづくりのための組織として「㈱流通・まちづくりコンソーシアム」を設立し、全国のまちづくりの現場で、地域の皆さんや行政の皆さんとともに活性化に取り組んでいます。

流通とまちづくりという関係について、その歴史的な流れからお話したいと思います。

(1)　戦前における流通政策

戦前の日本の流通政策は、中小小売商を保護する、大型店の規制から始まったと言えます。まず、「百貨店法（第一次）」が一九三七年から施行され、一九四一年まで続きました。まさに、第二次世界大戦に突入する直前でありますが、当時、唯一の近代的な大型小売業であった百貨店が規制の対象となりました。

百貨店は、一九〇四年に三越（当時、越後屋呉服店）が「デパートメントストア宣言」を行い近代的な百貨店づくりを目指すことになります。一九一四年には「今日は帝劇、明日は三越」と言うキャッチフレーズで話題になるなど、日本の商業発展史の中で、この頃から百貨店がはっきりと出てきます。三越や白木屋や高島屋、そして、世界初のターミナル百貨店としての阪急百貨店などが本格的百貨店を建設し、一万数千平米から三万平米を上回る東洋一の近代建築の百貨店が日本橋や大阪の梅田や難波に展開されていきました。さらに、「少年・少女音楽隊」や「演劇場」を設置するなど、多様な文化的イベントやサービスを提供し非常に高い支持を受けました。そして、同時に支店展開や出張販売など積極的な営業活動を展開しました。低価格販売にも取組み、高島屋は「一〇銭均一売場」を関東で展開した。これは、今の一〇〇円ショップと同様のコンセプトです。一九三二年の最大時では、五一店舗までチェーン店を拡大しています。

百貨店がこのような活動を展開した結果、当時の中小小売商が大きな打撃を受けたことから、商工会議所等に図って、百貨店の出店規制を目途とした「百貨店法（第一次）」が一九三七年に成立しました。この法律では、一五〇〇平米以上（六大都市の場合には三〇〇〇平米以上）の大型店を百貨店とみなして、その出店については商工大臣（当時、商工省）の許可が必要となりました。ところが昭和一六年になると、百貨店法は改正されました。太平洋戦争に突入直前で、百貨店が奢侈品を販売することに対してさらに厳しい規制を行うようになりました。

(2)　戦後における流通政策

戦後、百貨店は戦災で損壊されたことや米軍の接収を受けたことから、事実上経営が不可能となり、一九四七年に「百貨店法」は廃止されました。

ところが、百貨店は廃墟から立ち上がって建物を再建するとともに、営業を再開すると、また積極的な商売を始めます。これでは、中小小売商は大きな打撃を受けるということで、一九五六年に「第二次百貨店法」が施行されました。この規制は、第一次百貨店法と同規模の大型店に対する規制でした。ただし、一五〇〇平米、三〇〇〇平米超という規制対象について「企業単位」で制限されていました。したがって、一つの企業の売場面積が一五〇〇平米（三〇〇〇平米）以下であれば許可されることになり、たとえば、五〇〇〇平米の建物を建てて、大規模チェーン店のオレンジ食品スーパーとか中内衣料専門店の様な形で、一三〇〇平米程度の店舗を四つか五つ出店することで全体で見ると、百貨店タイプや総合スーパーと同様の大型店の出店が可能となります。実際には、ダイエーグループなどの大型店が企業としては違うということで、出店が認められることになりました。

当時は、総合スーパーのダイエー、イトーヨーカ堂や西友などが急成長していた時代で、急速に「擬似百貨店」と言われる大型店が増加し、中小小売店ばかりでなく百貨店にも大きな影響を与えることになりました。これらの大型店を規制するため、一九七四年に大規模小売店舗法（大店法）が施行されました。大店法は大型店の規制対象を企業単位の規制から「建物単位」の規制に転換し、同一建物内の店舗面積が一五〇〇平米以上（三〇〇〇平米以上）の大型店は全て規制の対象となり、急速に大型店の出店が減少します。この法律は、中小小売業を総合スーパーなどの大型店から守ることを目的とした法律と言えます。

(3)　経済の暗黒大陸からの脱却…流通産業の近代化

アメリカの著名な経営学者ピーター・ドラッカーが、一九六〇年代に、経済誌に「日本の流通産業は経済の暗黒大陸だ」という有名な指摘をしました。これは主として物流面に対する指摘でしたが、物流・小売業が欧米に比べてはるかに非効率であり、それが日本国民の生活を貧しくしている、非常に課題があるという問題指摘をしていたのです。同じころ、東京大学の林周二氏が『流通革命』を出版して大変話題になりました。そして日本国内に流通革命が必要だという論議が起ってまいりました。この中で、一九六九年にダイエーの中内功氏が『我が安売り哲学』という本を出版されます。この本では、小売サイドから流通を変えていかなければ日本の消費者は豊かにならない、との宣言をしたものであり、メーカー・卸と闘って、小売価格の決定権を小売業者の手に取り戻す宣言として大変注目されることになりました。

経済の暗黒大陸という指摘は、国の流通政策にも非常に影響を与え、流通産業の近代化が叫ばれ、流通近代化政策が実施されることになりました。それまでの流通政策は、中小小売業に対する保護政策中心で、経済の高度成長の恩恵を受けて、小売店舗数は増加し続けていました。ピーク時の一九八二年には、小売店舗数は一七二万店に達し、一方で、事業規模が零細で、従業者数が「四人以下」の店舗が一〇〇万店を超えていました。これが、親から代々受け継がれた、履物屋さんや金物屋など「生業」店や「業種」店が多く、低い生産性と伝統的商法で運営されていました。それに加えて、大店法の規制によって大型店の発展がおくれていたこともあり、近代化とは程遠い商売を続けている店舗も少なくなく、高度成長経済の下、生活者のニーズの多様化と要求の高度化のもとで、徐々に、生業的、業種店は衰退し始めました。

(4)　規制緩和の時代における流通政策

通商産業省（現、経済産業省）においても、近代化の目標として「高い生産性の実現」と「流通コストの削減」、「流通の効率化」、を目途とし、規制緩和、システム化・情報化、組織化という三つの柱で流通近代化の実現を目指しました。

規制緩和の流れは一九九〇年代から進んできました。その最大の要素は、日本とアメリカの貿易の不均衡を解消する問題があり、このため、一九八〇年代後半から九〇年代にかけて「日米構造協議」の場で長く議論をしてきました。その幾つかの対策の中に、規制緩和問題があり、日本に数多くある規制を緩和して、日本の内需を拡大することになりました。これは、内需が拡大することで、アメリカ製品を日本人がもっと購入することになり、結果として貿易のアンバランスが是正されるというものでした。その規制緩和の最大のポイントが「大店法」問題でした。ある意味で、日本の基幹産業である製造業を保護するため、流通の規制緩和が進められたともいわれています。大店法の規制によって、大型店の開発が困難となり、海外の商品を多く取り扱う大型店の出店が規制されているため、アメリカの商品が売れないというロジックがそこにはありました。つまり、日本は伝統的小売業が数多く存在しており、その伝統的中小小売業は、海外の商品を販売する力がない。そこで、大規模で経営システムの効率化された企業が成長することにより、日本の消費者が米国やヨーロッパの商品を買うことが出来るという主張で、規制緩和を進めるように日本政府に迫ってきました。そして、大店法の規制緩和が進められることになりました。

一方、中小小売業の保護・育成という視点からは、中小小売業の組織化を図っていこうということで、一つは、ボランタリー・チェーン化とフランチャイズ・チェーン化という仕組みを導入して、中小小売業を強くしようとしました。また、もう一つは、商店街の経営体質を強くしようということで、「中小小売商業振興法」という法律をつくりました。商店街が組織化し、例えば、「商店街振興組合」を商店街の組合員が設立した場合には、補助金を出して、イベントの開催、情報システム化、アーケードや街路灯の設置やカラー舗装などの整備を行うことにしました。

ただ問題は、ボランタリー・チェーン化とフランチャイズ・チェーン化という組織化を推進することについては、中小企業サイドに有力な指導者が存在せず、フランチャイズ・チェーンは、たとえば、イトーヨーカ堂がコンビニエンスストアの「セブン—イレブン・ジャパン」を設立し、ダイエーが「ローソン」、西友が「ファミリーマート」と、一部を除くと、大規模小売業がフランチャイズ・チェーンの主宰となり、中小小売店を組織化するという形になりました。また、ボランタリー・チェーンは、中小小売商がそれぞれ独立しながら、卸し主宰か小売主宰による共同化を図って、仕入れの共同化とか広告の共同化を図ることによって、バイイングパワーやコスト削減を図っていこうとするものです。ヨーロッパではボランタリー・チェーンは着実に成長してありますが、日本では、有力な卸売業が中小小売業に対して主宰者となれなかったために、中規模な食品のチェーン程度で、余り育ちませんでした。この辺は中小小売商の活性化の課題になると思います。

経営の近代化が実現した場合、従来の金物屋さんや八百屋さんなどいわゆる業種店であったものが、「ホームセンター」や「食品スーパー」という大型店化し、業態化した店舗に成長することになります。

(5)　流通産業の近代化の功罪

しかし、一方で、近代化の影の問題として、近代化が困難な店舗の減少、中小小売店の減少の問題があります。経済産業省の「商業統計」調査から小売事業所数の推移を見ると、ここ二五年ぐらいの間に、実に六〇万店の小売店が減っています。一方、総小売売場面積は、小売店舗数が六〇万店減っているにもかかわらず継続的に増加し、現在では一億四五〇〇平米から一億五〇〇〇万平米程度に達しています。

一九九一年から見ますと、この一七、八年間で三五〇〇万から四〇〇〇万平米増加しています。小売店舗が急速に減少しているにもかかわらず、売場面積が増加しているということは、結果として大型店が増加しているということをはっきりと証明しています。さらに、具体的に「従業者規模別」の小売事業所数の推移を見ますと、従業者二人以下の店舗は、ピーク時の一九八二年には一〇二万店存在していましたが、現在では五〇万店程度、実にこの期間に五〇万店、半分に減ったということです。従業者三人から四人の店舗は四三万店から、現在では二〇数万店ということで、やはり一〇数万店減っています。あわせて七〇万近くの中小店舗が減っています。全体で六〇万店減ったと申しましたけれども、この四人以下の従業者数の中小小売商は、実に七〇万店減っているわけですから、逆に、二〇人以上とか五〇人以上の大型店舗が一〇万店程、増加していることになります。流通の近代化政策を実施した結果、小売構造に大きな影響を与えることになりました。このようなことで、いわゆる皆さんのお住まいの近くにある商店街や小売店が大幅に減少することになり、かつては日常生活にあったお店と顧客との会話、地域の住民の皆さん方のコミュニケーションまでも低下しています。

効率化を追求することは、低価格、低コストを実現することです。そのため、コストの削減が徹底的に追求され、非常に余裕のない企業経営にもなってきています。小売業では、販売員一人当たりの平均持ち売場面積という尺度があります。アメリカの場合では、セルフサービス店が主力であることから平均すると一人で一〇〇平米以上の売場を担当することになります。日本の場合には二〇平米程度で、売れるところには大量に販売員を導入して、たくさん売るというようなこともあって、にぎわいで盛り上げて売り上げていく形をとっていました。かつては、このような労働生産性は低いが、単位面積当たりの生産性は高いという仕組みだったのです。そういうこともセルフサービス化の進展によって少なくなってきました。

中小小売店は、中心市街地の商店街を構成している主体であるわけで、中小小売店が減少していくということは、それ自体で空き店舗やシャッター通りが増加し、商店街が衰退するばかりでなく、店舗の従業員と顧客とのコミュニケーションも低下するなど、コミュニティーの崩壊に繋がる恐れもあり、全体として街の顔が喪失してしまうことになります。

(6)　現代における流通政策…大店法から大店立地法（まちづくり三法）へ

日米構造協議を通じて、一九九〇年代から規制緩和が進められ、二〇〇〇年にそれまでの「大規模小売店舗法（大店法）」に代わり「大規模小売店舗立地法（大店立地法）」が施行されました。この、大店立地法に先立ち、「中心市街地活性化法」と「改正都市計画法」がそれぞれ、一九九八年に施行されています。これを総称して「まちづくり三法」と呼ばれています。「中心市街地活性化法」は衰退する中心市街地、あるいは中心市街地に存在する商店街を強化することで、規制緩和の影響を軽微にすることを目指すものです。また、都市計画法を改正して、自治体の首長に大規模開発を抑制できる権限を与えるものでした。これらの法律は「大店立地法」の施行の二年前に先行導入され、地域自らの判断で、中心市街地の活力を高め、大規模開発を抑止することで、バランスの取れた地域の発展を目指す仕組みでした。

大店法は、大型店の出店が地域の既存小売店に経営的に如何なる影響を与えるか、といった経済的規制であったものが、大店立地法は大型店の出店が地域社会に騒音や異臭や車の渋滞など、地域環境に影響を与えるかといった環境規制へと変更されました。今までは、地域の商業関係者の意見も反映されて、開発規模の縮小や開店時期の延期など制約条件を負荷することも可能となりました。大型店による地域経済に対する影響から地域商業を守るための経済的な規制だったからです。但し、地域の一般市民にとって、大型店の出店は生活の便宜性や経済的買物が出来る等のメリットもあります。地域といっても多様な意見が存在します。

従来の大店法では営業日数や営業時間についても規制がされていました。当初は、コンビニエンスストアだけが三六五日営業可能でした。大型店は最低月二日とか、百貨店の場合でも以前は週一日とか月二日間の休日がありました。それが大店立地法では三六五日、二四時間、どこででも営業可能となりました。コンビニエンスストアの二四時間営業店に加えて、食品スーパーやディスカウントストア、スーパーセンターなど二四時間営業や深夜までの長時間営業する店舗がふえてきました。

大店立地法では、大型店の出店規制が緩和されて、大型店の立地が地域社会の環境、騒音、ごみの排出、臭気、車の渋滞などの影響を防ぐという考え方です。地域環境に大きな影響を与えなければ、自由に大規模店を開発することが可能となりました。また、周辺地域の環境に影響を与えないということで、郊外のロードサイド立地や農地に大規模な駐車場を有する大型店が増加し、巨大な店舗が郊外立地に続々と誕生しました。

郊外化の進展と車社会の高度化により急速に商業施設が郊外に移動し、中心市街地にあった大型店も経営が悪化して閉鎖する店舗が増加し、中心市街地の衰退が加速することになりました。

(7)　駅ビル・駅中ビジネスの急成長

現在の新しい動きについて申し上げますと「駅ビル・駅中」ビジネスが成長していることがあげられます。たとえば、百貨店や総合スーパーも一一年連続で既存店の売上がマイナスを続けているのに対して、ＪＲ東日本グループの駅ビル「ルミネ」は近年連続で売上を伸ばしています。また、駅の構内に「エキュート」という大規模な商業施設を開設し、駅の中で買物が出来ると言うことで話題を集めています。駅のそばに「ニューデイズ」というコンビニエンスストアチェーンがありますが、平均一店舗当たり一日の売上高で、六七万から七〇万円程度に達しています。前年までのトップチェーンであったセブン―イレブンを上回り、日本で一番です。大量交通機関に隣接する集客力の高い立地の良さを受けて、セブン―イレブンを追い抜く勢いです。このように駅ビル、駅中立地が有力な商業立地として注目を集めています。

運輸・鉄道事業は人口減少の影響もあり、運賃収入が徐々に減少しています。そうすると、新たな成長領域を求めて、駅という集客力の高い好立地を活用した、積極的なビジネスが展開されることになります、駅中や駅ビルでモノやサービスを提供するということになったわけです。

旧中心市街地の商業集積は、郊外の車利用型の商業集積とマストラ（大量交通機関）の駅前ないしは駅中の商業集積と争わなければならなくなり、結果として、中心市街地が一人負けの状態となりました。主要な移動手段を保有する便利な商業立地と有力な交通手段を保有しない商業立地の差が、そのような結果を生んでいます。交通動線の変化が商業集積の発展に大きな影響を与え、さらには、都市構造にも変化をもたらしているのです。

2　中心市街地活性化の現状と課題

(1)　現状

それでは、日本の流通業との関係で、「中心市街地活性化」は実現可能かということについて私の考えを申し上げますと、中心市街地の活性化は非常に困難ではないかと考えております。

二〇〇八年一一月現在、五二の自治体の「中心市街地活性化基本計画」が認定され、活性化事業に取り組んでいますが、そのうち二二が県庁所在都市であります。如何に地方有力都市の中心市街地の衰退が進行しているかを証明しています。さらに、多くの自治体で活性化基本計画を策定しています。一部地域では、大規模再開発事業を実施して、低層階を商業施設にし、上層階をオフィスやマンションにするタイプ計画が少なくありません。しかし大規模事業を多数実施することで中心市街地が活性化するということはなかなか難しいのではないかと思っています。大規模な投資は、当然地域の負担も大きくなり地方自治体の財政の更なる悪化をもたらすことになります。

中心市街地の中小小売店が激減した結果、シャッター通りになり、駐車場や空き地になっているのです。商業施設の跡地にギャンブル施設や風俗店が進出するケースも増加しています。

中心市街地は、小売店や事業所等が集積して、多くの人が働き、さまざまな公共施設や金融機関が存在し、広域から人が集まり、さらには、多くの人が住んでいるところです。そこが、どうして衰退したかといいますと、郊外化の進展にともない居住者が郊外に移転していったこと、加えて、モータリゼーションの発展と道路網が整備され、本格的車社会の到来が大きな要因と言えます。一生懸命中心市街地で買い物をしてください、その際、公共交通機関を使ってくださいと言っても、多くの消費者は車を不可欠な交通手段と考えているのです。そして、五〇〇メートル程度の距離であっても車で行ってしまうという現象が起こっています。これも一部理解できるところもあります。ショッピングというのは、食料品を購入する場合でも、ホームセンターで家庭用品を買う場合でも、荷物になるということです。それを五〇〇メートル、八〇〇メートル歩いて自宅まで持っていくことが楽なのか、それとも車で駐車場のある商業施設へ行って、買い物して、トランクに積んで帰ればいいのかと考えた場合に、歩いてショッピングをすることはなかなか難しい問題です。

(2)　大型店の中心市街地からの撤退

路面電車やバスなどの公共交通を整備して中心市街地に消費者を呼び戻す計画が検討されています。しかし、買い物をする場合は、特に高齢者にとっては決して楽ではないと思います。車は、現在非常に重要な要素です。そこが中心市街地の活性化を非常に難しくしているところです。中心市街地の道路は比較的に狭く、駐車場の整備が遅れています。駐車場を整備しても多くは立体駐車場になっています。狭い駐車スペースに車を止めるよりも、容易に駐車することが可能な郊外立地の平面駐車場付きの商業集積を選択することになります。

大型店については、最近では、中心市街地にあったイトーヨーカ堂とかイオンなどの総合スーパーの撤退が続いています。一店以上の大型店が撤退した商店街は実に三分の一あります。複数の大型店が撤退した中心市街地は、二〇〇〇年度で七・八％に達しており、現在ではさらに増加しています。現実として、大型店サイドが撤退を計画しても、中心市街地活性化の視点から、自治体や商工会議所など強い要請を受けて立ち往生している所も少なくありません。数字で見ますと、一九七五年当時で、大型店の出店立地は八五％が市街地であり、郊外立地には一五％程度に留まっていましたが、一九九〇年代前半は二五％対七五％、一九九〇年代後半以降は、中心市街地の一〇％に対して、郊外立地九〇％と大幅に変化しています。

(3)　中心市街地活性化事業の困難性

また、中心市街地は、土地や建物の権利関係が複雑なケースが多く、再開発や区画整理事業が実施しにくい面があります。再開発の対象の土地が複数の地権者に分れていて調整に時間がかかります。一番困ることは、地方都市の中心市街地の土地オーナーがほとんど地元に住んでいないことです。二代、三代と続いた商家や大規模な土地の所有者も、おじいさん、お父さんの時代までで、その息子さんたちは、東京の大学を卒業してサラリーマンになっていて、田舎に戻って厳しい商売をやる気はありません。多くの地権者は東京にいて、地元の中心市街地の動向には強い関心は持っていないのが現状です。

それから中心市街地の都市基盤整備についても、既存の建物が残存していることや、また、依然として地価や賃料が高水準に留まっており、再開発は非常に難しい。一方、コストの低い、開発も容易な郊外立地に大型店の出店が急増することになった。また、狭く密集した中心市街地よりも快適な郊外の居住環境へ住民が移動するという形になります。

(4)　課題

モータリゼーションが進むことにより、都市機能の郊外化が進んでいきました。しかし、中心市街地の再開発をするためには、土地の権利関係が複雑なことや、都市基盤整備もやりにくく、中心市街地は郊外に対して相対的な地位は低下してしまい、人口の流出が止まらなくなります。

その人口流出は、実は、商店街にまで広がっています。現在、商店街の中で、平均すると、その店に住んで商売をやっている方は二割から四割程度といわれています。その他の店主や家族は、郊外の一戸建て住宅に住んでいて、車で朝九時ぐらいに出勤して店をオープンして、夕方の七時前後に店を閉めて、車で郊外の住宅へ帰るという生活をしているのです。商店街に出勤して、営業時間が終わったら帰る。そしてサラリーマンも週休二日、商店主も週休二日制が必要だということで、商店街の定休日が水曜日とか木曜日だったら、その日と日曜日に休むということになっ

中心市街地衰退の構図

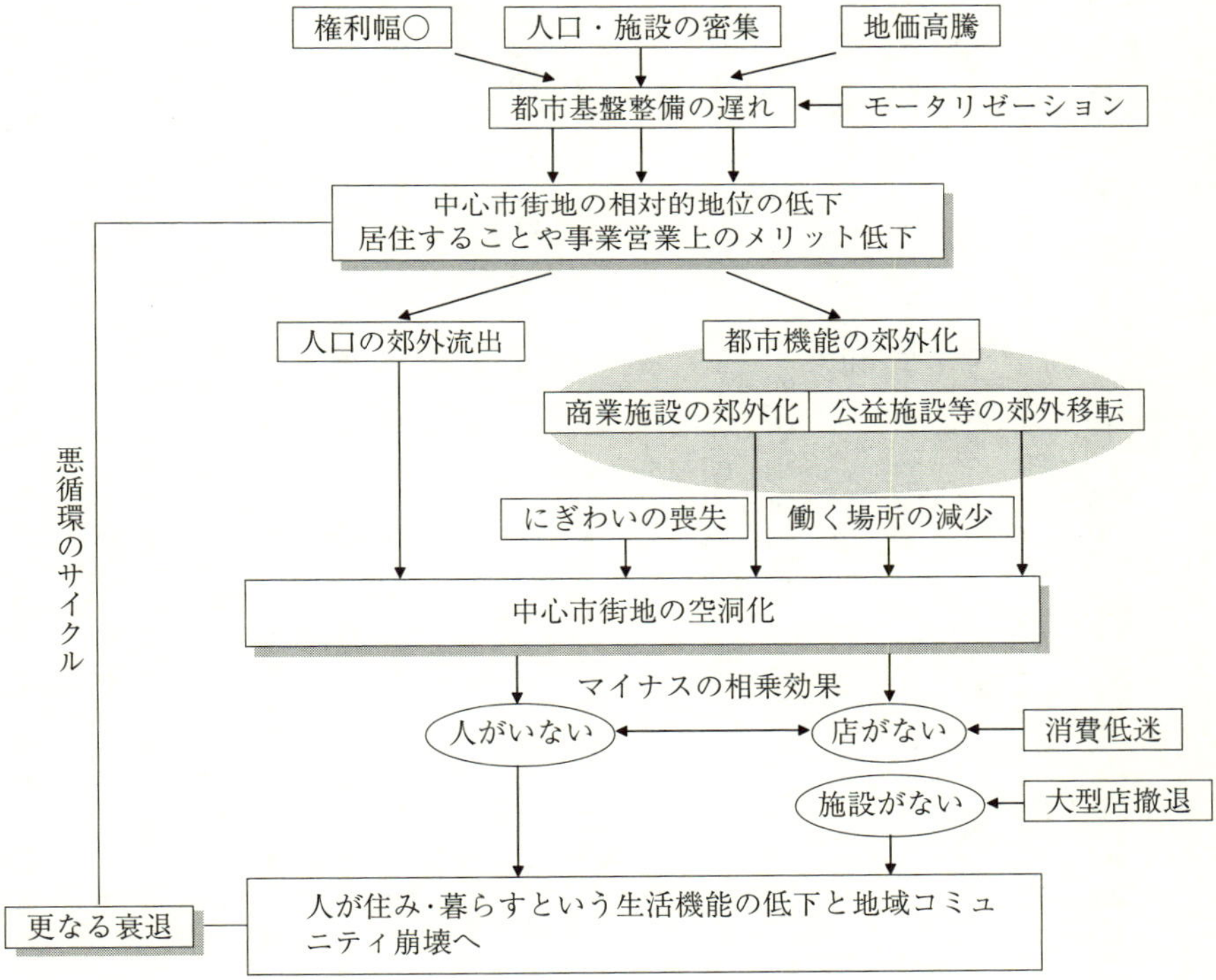

てしまう。市民が休日に家族連れで買い物に行ったりするときに、商店街の多くの店が商売をやっていないこともあります。一方で、郊外のショッピングセンターは三六五日営業していることから、郊外立地の商業集積に行ってしまうという状況が起こってしまいます。

なぜそうなるかというと、商店は、一般に四間、五間の間口で売場があって、その裏手にストックヤードがあります。二階の部屋に住んでいて、そこにも商品が置いてあるといった状況にあるため、居住環境としては決してすぐれていない。だから、有力な商家であれば郊外に庭付き家を建てて、そしてそこに住みたいということになってしまうのです。したがって夜間になると商店街には人がいなくなります。

それから、有力な商店、たとえば、大変有名なお菓子屋さんであるとか、有名なファッションのお店では、車社会となって郊外にどんどん商業施設ができたら、中心市街地にも今までのお店は置いておきますが、駐車場を持った新しいお店を郊外に出店することになります。郊外で商売をして稼いでいるから、中心市街地の店は余り熱心に商売に励まないというようなことを言われています。

元気な商店街には、例えば、ドラッグストアとか眼鏡センターや、ファストフード店、それから携帯の販売店のような、いわゆるチェーンストアで元気のあるところが進出してきます。そういったところは、どこのまちへ行っても同じような店があるという、地域の顔の見えない、全国どの地域でも同じ顔の商店街とか中心市街地になっていくという面があります。

さらに難しいこととして、空店舗が出来てしまうとシャッターを下ろしておくか、ないしは老朽化するとそれを壊して屋根のない駐車場として放置していることがあります。自分の車や近所の車をとめておく場となります。この空店舗店をだれか借りてくれないものかと考えてみましても、空店舗の多い活力の低下した商店街や中心市街地には物販店などが出店する可能性は少なく、借り手としてはギャンブル関係か風俗の店が出てくるということになります。家賃の欲しい土地の所有者はそういうところにお店を貸していくということになりますので、結果として、いわゆる旧中心市街地にある商店街はシャッター通りになるのか、活力がまだ維持されているところはチェーンストア通りになるか、活力が低下して、それでも何とか維持していこうとする場合には、風俗店がはびこるようなまちになってしまう恐れがあります。首都圏近郊の場合でも大変な状況が現在起こっています。

(5)　まちづくり三法の見直し

一九九八年に施行された「中心市街地活性化法」及び「改正都市計画法」は地方自治体が有効活用することが困難で、二〇〇〇年の「大店立地法」の施行に伴い、中心市街地の活性化はむしろ後退する地域が増加することになりました。このため従来の「まちづくり三法」を見直し、国の強力な指導体制の確立と「改正都市計画法」をさらに強化して、延床面積一万平米超の「大規模集客施設（小売店ばかりでなく劇場などエンターテイメント施設やスポーツクラブなど大量に集客力のある施設）」の出店立地を商業地域、近隣商業地域、準工業地域に限定し、この三地域以外の出店を制限することとなりました。これにより、具体的に運用された二〇〇七年一一月以降、郊外立地における大型店の開発は大幅に減少しています。

このまちづくり三法の見直しの主眼は、郊外立地への大型店の出店を制限し、中心市街地に大型店を誘導します。中心市街地活性化に積極的な自治体には大規模な支援策を実施して、強力な国の支援で、中心市街地の活性化の実現を目指すものでありますが、既に、基本計画が認定され地域において、再開発ビルが完成しても中心市街地に人が戻ってこないケースや、大規模新規事業の見直しが出始めており、「まちづくり三法」見直し後の中心市街地活性化事業は、必ずしも順調に進捗していないのが現状です。

3　中心市街地活性化の現状…伊勢崎市と太田市の取り組みから

ここで、そのような事例として、伊勢崎市、太田市の例を簡単に取り上げます。

(1)　伊勢崎市における中心市街地活性化の取り組み

最初は、伊勢崎市についての事例です。

群馬県伊勢崎市の中心市街地には、本町という横に長い商店街があって、そこを挟んでベイシアという伊勢崎から生まれて、大規模グループとなった「ベイシア伊勢崎店」があります。また、中心街には、「上州名物かかあ天下と空っ風」にちなんだ「かかあ町」という商店街があって、かつては優良な約百の店があることから「百店会」という組織を形成していましたが、現在は五〇店舗ぐらいに減って衰退してきています。衰退する商店街を再生するため、商店街の女性たちが「かかあの会」を立ち上げ、女性の力で商店街を元気にしようとがんばっています。「かかあグッズ」の開発など活発な活動を行っていますが、このメインの商店街でも、空き店舗がふえて風俗店が増加する傾向にあります。一方、郊外には道路整備事業が進むに従い、スーパーのベイシアを核とした郊外型の商業集積や、イトーヨーカ堂伊勢崎店と西友伊勢崎茂呂店という、それぞれ大規模な駐車場を持った大型店が展開しています。

そのベイシアの近くの宮古地区というところでは、幹線道路沿いの風俗化という動きが進んでいます。商店街が衰退すると、賃料が欲しい地権者が賃料の高い業者を入れてしまう。結果として、ギャンブル店や風俗店が進出することになる。もともとは、構想上はレジャー拠点、大規模小売商業とオートレース場とシネマコンプレックスとかレジャー施設等を整備する地域を目指して開発を進めましたが、ベイシアが開店したところ、周辺部の商業施設がみんな撤退してしまい、現在では約三三の性風俗店とパチンコ店が全体を占めることになりました。そして、防犯、教育、景観等多くの面から周辺地域への影響が指摘されているということです。

(2)　太田市における中心市街地活性化の取り組み

次は、群馬県太田市についての事例です。

太田市は基幹産業として大手自動車メーカーの富士重工が存在していますが、その富士重工の工場跡地にイオンの大型ショッピングセンターが出店し、都市構造にも大きな影響を与えています。もともと、東武線太田駅の南口には、太田南一番商店街という先進的な商店街がありました。これは一九六九年に計画的に造成された商店街で、駅前大通りとして、アーケードもあった当時の最先端の商店街として注目されたところであります。しかし一九七七年にユニーを核とする駅前ショッピングセンターができてから業績が悪化しました。ところがこのユニーも郊外にショッピングセンターができたことによって撤退し、すっかりこの駅前が寂れてしまい、いつの間にか関東随一の歓楽街ができ上がってしまいました。また、駅前の撤退したユニーの後にはなかなか出店者が現れなかったのですが、若者向けのディスカウント店が出店しました。これによって何がおこったかというと、深夜バイクで飛ばしてきて、お店の前で騒いでいるとかというようなことが随所で起こっていて、社会問題化しています。このように、大規模ショッピングセンターや大型店が展開し、郊外化が進んでいって、それに伴って強い集積と弱い集積の間で格差が出てきて、結果として弱いところは撤退し、そこに、大きな空き地や空き店舗ができます。これは、そこが非常に不安定な地域となって、ギャンブル店の進出とか風俗化や都市自体の崩壊にもつながって行く可能性があるのです。

このような状況を防ぐためには、やはり、地域市民がその地域で、商業者や行政と一体となって、市民みずからが、自分たちのまちをよくしていく、自分たちの生活する場をつくり出していくという発想の中で、積極的にまちづくりに参加していかなければならないと思います。

郊外立地と中心市街地との利便性を考えた場合に、ある程度利便性を放棄してでも、自分たちのまち、中心市街地を支援することで、よりよい生活空間を維持していくという発想がない限り、よいまちづくりは難しいのではないか、市民が変わらなかった場合には、まちづくりというか中心市街地及び豊かな都市づくりはなかなか難しいというのが、流通政策面からみた中心市街地活性化の結論ということになろうかと思います。

おわりに…コンパクトシティの行方

コンパクトシティという考え方もあります。青森市や富山市は活性化の方向性としてコンパクトシティ化を目指しています。北国で、除雪作業の負担の大きい自治体では、拡散した都市構造からコンパクトシティ化してコストの削減や住民福祉の充実を目指しています。

コンパクトシティを目指す場合のメリット、デメリットを整理すると、メリットとしては、環境面で少ない自動車利用とか大量輸送交通の採算性だとか、都市開発に伴う農地、自然破壊の減少とか、エネルギーの地域的利用とかを上げています。デメリットとしては、ヒートアイランド現象、少ないオープンスペース、過密な都市生活環境、道路の混雑、廃棄物の自然環境への影響という、問題が出てくるということをあげています。

ただ、流通面からみると、地方都市では人口減少が進んでおり、過疎地域における流通機能の整備が不可欠になります。一部では、地方自治体や大規模小売業がデマンドバスのような形でマイクロバスを提供することで、商業施設への移動を支援しています。イギリスで行っている、ポストバスという郵便物を配達するバスに住民を載せて買い物の場所へ連れていくというようなことも考えなくてはならなくなっています。そのようなことから、高齢化、過疎化の進行している

コンパクトシティのメリットとデメリット

	環境／エネルギー	社会的側面	経済成長	都市運営／財政
有利な側面	■少ない自動車利用 ■大量輸送交通の採算性 ■都市開発に伴う農地・自然破壊の少なさ ■エネルギーの地域的利用	■多様な階層のミックスコミュニティ ■移動ハンデキャップ階層の利便施設アクセス性 ■にぎわいのある都市センターの享受 ■人間的な都市空間スケール ■混住に伴う緊張	■都市文化の形成・持続 ■フェース・ツ・フェース機会の増大 ■市場の形成、獲得の機会 ■多様な組織や人との結合の容易さ ■夜の経済	■都市インフラの効率性 ■管路・路線の相対的な短さと維持費用の低減 ■地価上昇による税収の増大
不利な側面	■ヒートアイランド現象 ■少ないオープンスペース ■過密な都市生活環境 ■道路の混雑 ■廃棄物の自然循環利用の処理	・摩擦 ■土地、住宅価格の上昇によるジェントリフィケーション ■ゆとりある戸建て住宅享受の困難	■高い土地、住宅、賃貸料の価格	■低所得者の集積

地方都市では、コンパクトシティ化によるまちづくりが必要かと思います。

しかし、青森市の中心市街地活性化のシンボルと言われたアウガという、専門店ビルは、業績が悪化し、今年、市が八億円の財政支出を行った上、金融機関が数億円の債権放棄をして、かろうじて生き延びているという状況であります。このようなことからも、中心市街地に大型店や公共施設、さらにはマンション等を導入しただけで、コンパクトシティが実現し、中心市街地が活性化するという事業計画だけでは、必ずしも成功しないと言えると思います。

地域市民が主体となって、行政、商業関係者、市民が連携することによって、はじめてまちづくり・中心市街地の活性化が実現すると考えています。

Ⅱ　八王子市の産業振興政策と中心市街地活性化

叶　清（八王子市産業振興部産業政策課）

1　八王子市の産業振興政策

（1）八王子市の概要と歴史的経緯

八王子市は、面積一八六・三一㎢、人口五四万の都市であり、東京都の市部では最も大きな都市となります。東京都の西側に位置し、都心からは約四〇㎞の距離にあり、ＪＲ・私鉄の何れでも約四〇分程度の距離にあります。また、市内には国道一六号や国道二〇号、圏央道が整備されています。このような地域にある八王子市は、古くから現在に至るまで、交通の南北、東西の要衝でありました。このことは同時に、八王子市が流通の要衝にもなってきたことでもありました。

まずは、八王子の歴史的経緯を産業の変遷とともに振り返ってみます。江戸時代は、現在の国道二〇号にあたる甲州街道において八王子宿として栄えた宿場町、商人の町でした。これが、明治の終わり位からは、関東甲信越で広く営まれてきた養蚕、生糸、絹織物の集積地になります。これは明治から昭和三〇年ぐらいまで続きます。八王子でも絹織物を生産しましたが、当初は品質が悪かったようですが、その後、品質改善の取組みや技術革新により、八王子でできた絹織物は海外にまで輸出されるほど品質が向上します。そのため、織物を運搬した現在の国道一六号の一部は、「絹の道」と呼ばれ、当時の面影が残っています。昭和二〇年代半ばには、「ガチャ万景気」とも呼ばれ、機織の機械が「ガチャン」と一回音を立てると万札が入ってくるといわれるぐらいに好況期を迎えます。

そのようななかで、大正六年には八王子市が市制施行されました。当初は、非常に小さな町でしたが、昭和三〇年代までに幾度の合併が進められ、ほぼ現在の市域となりました。この間、関東大震災、日中戦争等もありましたが、徐々に大規模の工場の都内からの移転が増加し始めます。そのなかには、軍需工場もありました。そして、戦争前から既に、東京都の区部で働く人たちのベッドタウンとして、少しずつ人口も増加します。

織物業は、昭和二〇年代後半におきました朝鮮戦争を境に転換期を迎えます。そして、昭和三〇年代後半の高度経済成長期を経て、工場法の規制が厳しくなったこともあり、東京都の区部や京浜工業地帯にあった様々な工場が八王子市域へと移転し始めました。当時は、織物業は斜陽を迎え、廃業する織物工場もあり、移転先の工場として利用されていきました。工場の移転は、大規模な工業団地の形成につながります。そして、昭和四〇年代以降には、多摩ニュータウンが開発され、新たな市街地が形成されました。八王子市では、このような工場移転、ニュータウン開発を受けて、高度成長期には人口が増加していきます。ただし、昭和四〇年代後半からは低成長時代に移り、八王子を含む多摩地域では、量産機能工場から研究開発・試作拠点への転換が進みます。また、その過程で、大手企業に勤めていた人たちが、その技術力をもとに独立する「スピンオフ」が広がり、多摩地域のものづくりの分野で、試作・開発に重要な役割を果たしていきます。

このような経過を経て、産業面においては「選択と集中」が進み、現在では八王子を含むこの地域一体は、「ＴＡＭＡ」（Technology Advanced Metropolitan Area：技術先進首都圏地域、の略）と呼ばれる世界有数の電子デバイス、精密機械、ハイテク製品会社や、製造関連の企業が集積する広域拠点となっています。事業所数では約三五万、工業出荷額年間約二八兆円であり、アメリカのシリコンバレーの約二倍はあります。

また、東京都の区部にあった大学が昭和三〇年代後半から多摩地域へ移転が開始され、現在では二一の大学が八王子市内にあります。そのため全国でも有数の学園都市になっています。

（2）八王子市の産業振興政策の経緯と現状

(1) 経緯

現在の八王子市が、産業振興政策に取り組むことに至った経緯についてお話しします。

そもそも、なぜ、自治体が産業振興を行う必要があるのでしょうか。その理由を考えてみますと、国際化、少子高齢化、ＩＴ化のような社会構造の変化や、製造業の海外移転などの産業構造の変化、消費行動の変化は、自治体経営にも大きな影響を及ぼしていることがその理由として挙げられます。つまり、このような社会・経済情勢の現状のなかで、自治体が自立し持続するためには、産業振興という政策が必要であると考えられます。八王子市においても、その自立性を高めるためには、国からの補助金・交付金に頼ることなく、自分の市で自前で行うことが必要です。そのためにも、既に八王子市にある企業、大学等の人、もの、金、知恵、技等の資源の有効活用により、地域を活性化する。地元の企業が活性化して元気になれば、当然そこで働く人たちの雇用が増加し、結果としては税収に跳ね返ってくることが期待できます。これにより、八王子市の都市経営の安定に結びつき、本来の行政が持つ役割である、市民の福祉の増進が図れることになる。このような連環が、産業振興の目的と考えています。

八王子市では、以前からも商工観光という切り口で産業振興に取り組んできましたが、現在の黒須市長（三期目・一年目）は、二〇〇〇年の市長選の公約に、「八王子を元気なまちにする」ための施策の一つに「産業振興」を掲げて当選しました。そして、市長就任後、これを実行するために組織改正に取り組みました。「これからの自治体は、産業という分野において、政策の企画立案から実行まで取組むべき」との考えに立ち、産業振興部を設けて、更に部の中には産業政策課、観光課、農林課という三課の組織を設けました。

さて、それでは、具体的に産業振興をどのように進めていくべきか。

先ずは、「地域産業振興会議」を設置し、学識経験者を始め、実際に地域で経済活動に従事している企業の社長さんたちに集まって頂き、八王子の産業振興の方向性と方策について意見を出して頂きました。その結果、「首都圏情報産業特区・八王子」構想推進協議会（通称、「サイバーシルクロード八王子」）を設けて産業振興を牽引しようという考え方や、中心市街地の活性化をすすめようという、二つの考え方が出てきました。

これらの経過を経て、製造業（ものづくり）、商業、物流、観光、観光を本市の取組む「産業」とした「いきいき産業基本条例」を制定し、「光り輝く産業都市八王子　働きやすく暮らしやすいまち」を目指して、それぞれの分野の産業振興マスタープランに基づき、政策を実施することになりました。

(2)　現状

このような経緯から産業振興政策を開始した八王子市ですが、その具体的な政策の展開を理解して頂くためにも、産業等の現状を分析しておきたいと思います。

①製造業（ものづくり）

まず、製造業（ものづくり）の分野を見てみましょう。

八王子の特徴は、歴史的経緯の項でお話ししたとおり、「ものづくりのまち」だということです。多摩地域では事業所数・従業員数とも第一位。製造品出荷額では第三位になっています。

また、市内に分布する製造業の集積を見ると、市場把握力と技術力に優れた製品開発型企業が多く、これらの企業で製品開発の過程で生じる試作に対し、精度が高くて、しかも短納期に対応できるような高度な技術を持つ、いわゆる基盤技術型の地元中小企業が多く存在していることが特徴といえます。

②商業

次に商業です。商業は、中心市街地活性化で非常に影響が出てくる部分です。小売業年間販売額の近隣市との比較では、八王子市は、多摩

区市町村別事業所数等調べ　（従業員４人以上）

	事業所数（個所）	従業者数（人）	製造品出荷額（百万円）	1人あたり（千円）	付加価値額（百万円）	1人あたり（千円）
東京都全体	21,296	382,831	10,808,197	28,232	4,800,728	12,540
大田区	2,391	32,741	723,158	22,087	363,823	11,112
板橋区	1,267	25,136	658,590	26,201	251,769	10,016
八王子市	**776**	**20,444**	**626,965**	**30,667**	**296,809**	**14,518**
立川市	125	3,224	56,656	17,573	29,749	9,227
青梅市	339	11,163	290,716	26,043	107,509	9,631
府中市	162	11,858	738,853	62,308	188,621	15,907
三鷹市	154	5,982	160,982	26,911	44,281	7,402
小平市	127	7,677	613,423	79,904	357,273	46,538
日野市	123	15,172	1,075,438	70,883	530,528	34,968
羽村市	99	9,455	567,859	60,059	190,454	20,143

経済産業省　平成17年「工業統計調査」より

小売業年間商品販売額の比較

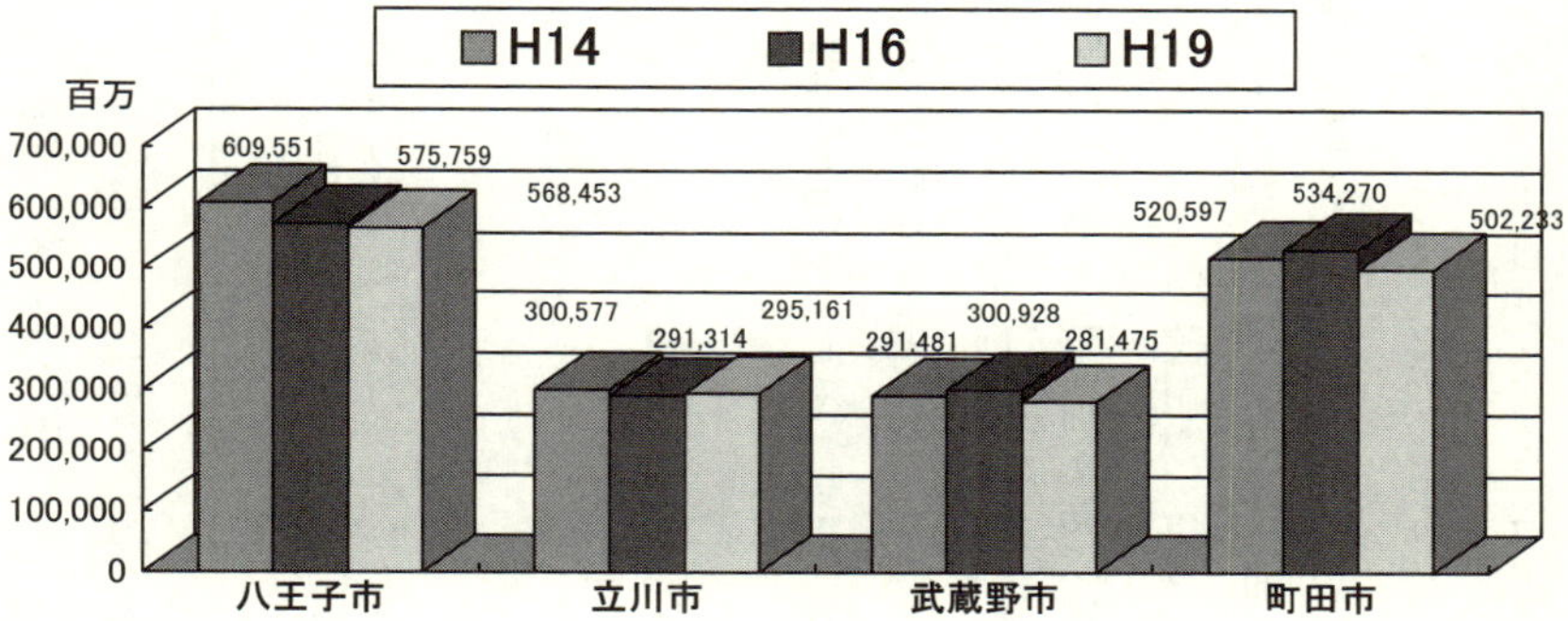

経済産業省　「商業統計調査」より

地区では第一位にあります。一方で、その販売額の変遷をみますと、年々下がっているのが現状です。立川市を見ると、八王子市ほどの販売額はありませんが、駅周辺の大型開発が進み、上昇基調にあり、今後も駅ナカ施設の充実等の増加要素があります。

③観光

第三に観光です。八王子市のもっとも大きな観光資源としては高尾山があります。都心から一時間程度のところに非常に自然豊かで、標高六〇〇メートルという手軽さで、しかも途中まではリフトやケーブルカーがあり、〝手軽な〟登山が楽しめる、市民だけではなく、都民のオアシスとも言える観光資源です。高尾山は、年間約二五〇万人が訪れる、来山客数世界一の山です。

最近では、ミシュランに紹介されて三つ星を取り、外国人観光客も増加しています。

課題としては、高尾山に訪れた登山客の方々が高尾山で完結してしまっていることが挙げられます。

つまり、電車に乗り、登山して、疲れてそのまま電車で帰ってしまう。つまり、八王子でお金を落としていただくことがないのです。そのため、市では、伝統芸能である車人形等の文化を伝え、八王子の観光や学習、人が集まる拠点となる「高尾の里」の整備に着手しているところです。また、市内に多くの公園や公共施設があることから、東京都下最大規模のロケ地として、テレビや映画等の撮影に協力する八王子市フィルムコミッションに力を入れています。

④農業

最後に、農業です。八王子は、農業産出額では二六億円、耕地面積九三三ヘクタールと、東京都内でも有数の農業規模です。この耕地面積の九三三ヘクタールは、東京都の約一割程度を占めます。

主に野菜を中心として、少量多品目の生産が行なわれているのが特徴です。

そして、生産地と消費地とが非常に近いことも八王子市の特徴です。これを生かす方法として、都内初となる〝都市型〟の「道の駅」を整備しました。では、何が〝都市型〟なのか？これまでの道の駅は、国道と観光地を結ぶ拠点として整備されてきましたが、八王子市の場合は、ターゲットはリピーターである市民、近隣住民に焦点を当てています。つまり、八王子で採れた食材を地元の人たちが購入・消費する、「地産地消」の考え方です。地場産の安全・安心で、しかも新鮮な農作物を提供することで、繰り返し人が訪れるという仕組みができ、農家が共同して出荷組合を作り、頑張って良い農作物を供給・販売するというビジネスモデルができました。来場者数も、予想をはるかに上回る一三二万人の方が初年度に訪れていただきました。おかげで当初に整備した駐車場だけでは足りなくなり、急遽、道路向かいに駐車場を増設して、お客様の利便性を向上し、年間一〇億円近い売り上げがありました。

(3)　八王子市の産業振興政策の特徴と考え方

このように、八王子市は、ものづくりあり、商業あり、観光あり、農業ありと、様々な分野に広がりをもつことが、八王子の産業のポテンシャルと考えています。このことから八王子市としての産業振興の特徴や考え方を整理しますと、次の五点になります。

第一点目は、ものづくり系企業の優位性です。これは、すでに八四頁の表でお話したとおりの状況です。

第二点目は、豊かな人材です。これは、学園都市でもあり、定住者・通勤・通学者を含めて、大学関係者・学生がたくさんいること、そして、都心でのベッドタウンであるがゆえの企業ＯＢ等の人材が豊富にあることがあります。

第三点目は、市役所だからこそ、ものづくり企業の優位性や豊かな人材を横につなぐ「産・産連携」や「産・学連携」が可能である、ということです。その例として、平成一六年に「いきいき企業支援条例」を制定し、企業誘致への戦略を実施しています。同条例では、八王子市に新しく来る会社、更には、八王子市の中で工場を大きくしようというような会社に対して、固定資産税・都市計画税・事業所税相当額をいただいた上で三年間キャッシュバックする制度を設けました。このような仕組みを設けているのは、当時は、横浜市ぐらいでした。特に八王子市の場合の特徴は、工業に限らず、商業でも良いですし、市外から新たに来る企業に限らず、市内企業が既存施設を拡張することも対象としている点にあります。これまでの三年間で三四件の指定がありましたが、その大半は、ものづくり系が占めています。この取り組みの投資効果としては約五八〇億円を見込んでいます。

第四点目としては、情報発信です。例えば、「るるぶ八王子」や「八王子Walker」の発刊支援を通じてまちの魅力を発信しています。産業政策課の職員が、日頃から現場を歩き、魅力的な店や隠れた名店や人材を探し、蓄えた情報を提供しています。「るるぶ八王子」は結局、累計で七万部以上も発行されましたし、「八王子Walker」では、二年続けて発刊されるなど、私たちも八王子のポテンシャルの高さを再認識したところです。このように市だけではなく、このような民間の力も借りて、八王子について情報発信する、シティセールスということをやっています。

第五点目は、人材育成です。私たちが企業訪問をする中で、特に若手の現場リーダーになるような世代の人たちの教育や企業後継者の育成は、中小企業単独では非常に難しいことが分かりました。そこで、八王子市と八王子商工会議所との協働事業「サイバーシルクロード八王子」では、企業ＯＢや専門家による中小企業の経営支援のためのアドバイザー組織である「ビジネスお助け隊」の力を借りて、「現場リーダー育成塾」や後継者育成のための「八王子未来塾」を開講しました。

特に「八王子未来塾」では、将来後継者となる「社長の卵」や、若手の社長さんが参加して、一年間のゼミ活動を通して塾頭とゼミ生同士の全人格的なつき合いをします。

これら五点に共通した考え方は、「ないものねだり」から「あるもの活かし」という考え方です。

八王子市にはない、隣接する都市にある魅力や資源をうらやましがる必要はないと思います。ないものは外から来てもらえば良いし、実際に今あるものを活かしていけばよいのではないか。それは、ものづくり系の企業もそうですし、人材もそうです。そしてそれを横につなげていく。そうすれば、まちの魅力や活性化に十分に結びつくのではないでしょうか。

2 中心市街地活性化について

(1) 中心市街地の位置づけ

(1) 八王子市の拠点…『ゆめおりプラン』と『都市計画マスタープラン』

さて、それでは本題の、八王子市の中心市街地活性化についてお話します。

最初に、八王子市の中心市街地の位置を確認してみます。先ほどからお話してきましたが、八王子市は合併を繰り返してきたため、複数の地域拠点があるまちとなっています。二〇〇三年に策定しました八王子市の基本計画である「ゆめおりプラン」では地域拠点として、七つの地点を挙げています（九〇頁上図）。「ゆめおりプラン」の方針では、各々地域拠点をそれぞれ互いに孤立するのではなく、その個性や魅力を生かし、かつ、相互に足りない機能を補完することが全体

地域区分と地域拠点

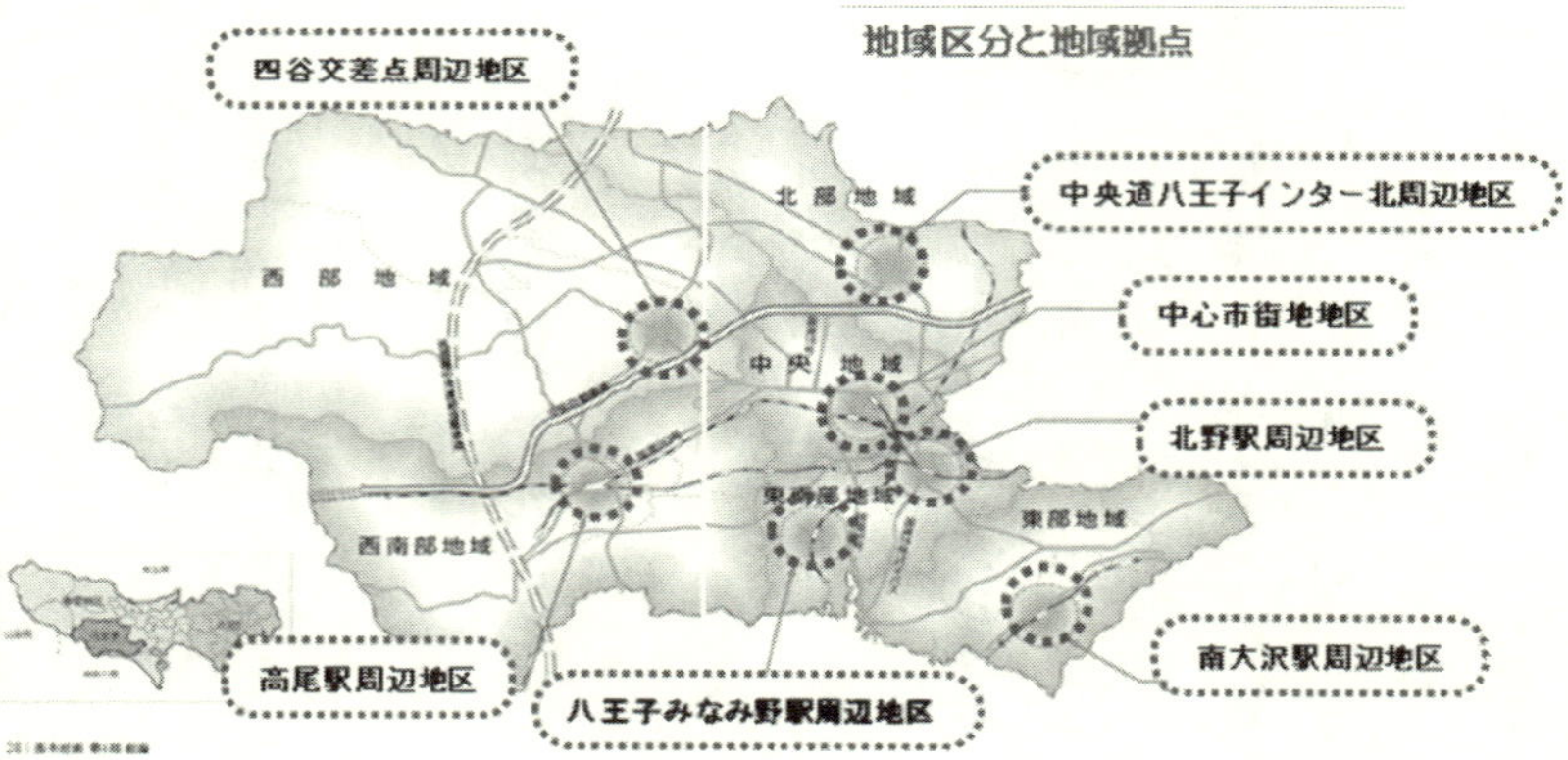

八王子ゆめおりプラン　より

将来都市構造図

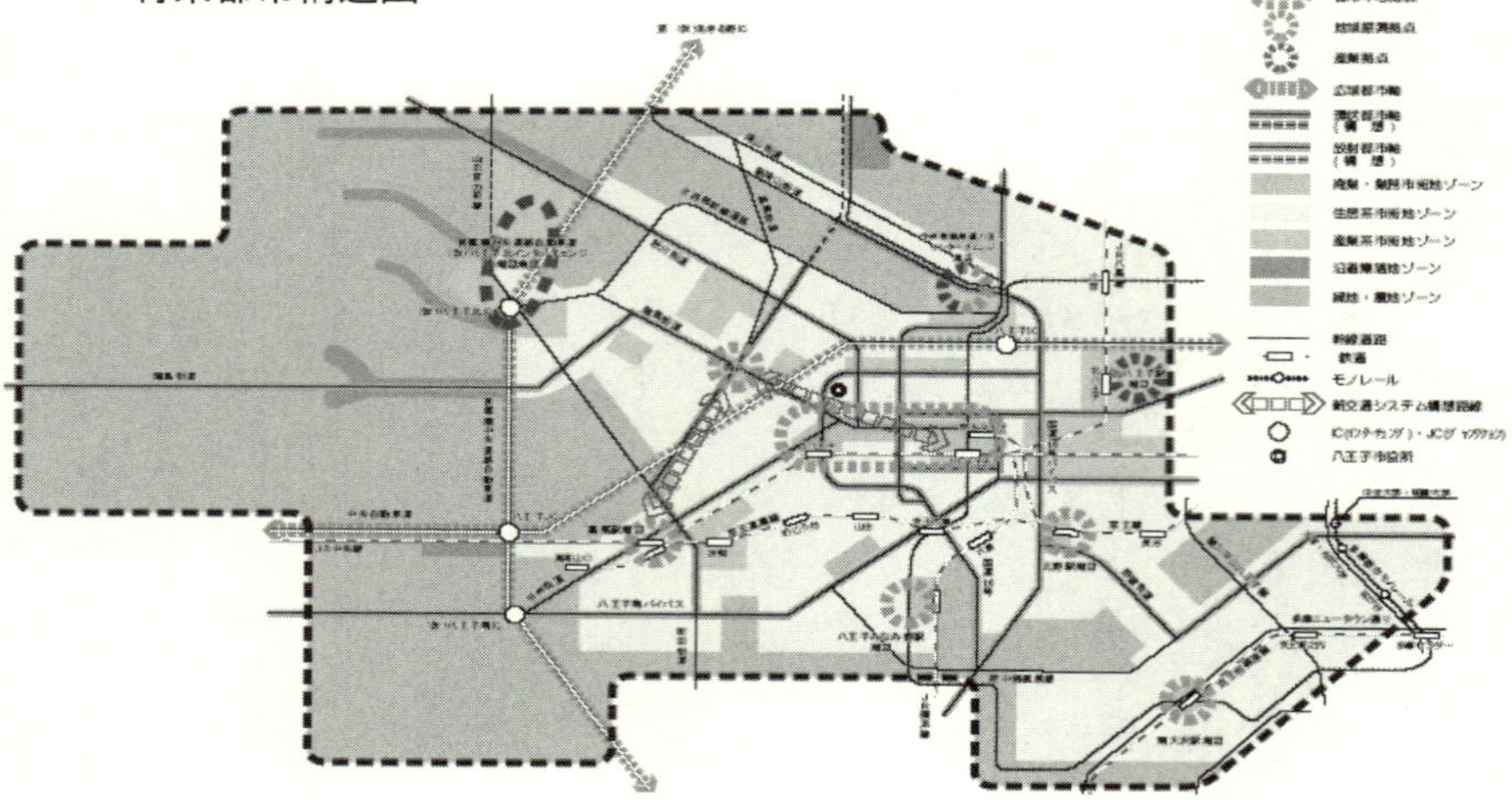

都市計画マスタープラン　より

の考え方となっています。なお、「ゆめおりプラン」の下位計画にあたる「都市計画マスタープラン」を見ると（九〇頁下図）、この六つの地域拠点は、鉄道や道路などの交通結節点となっていることが分かります。

(2)　八王子市の中心市街地の現状

次に、より具体的に、八王子の中心市街地を見ていきたいと思います。

八王子市における中心市街地とは、一九九九年に策定しました『八王子市中心市街地商業等活性化基本計画』のなかで、八日町、横山町、八幡町等の甲州街道沿いの約二五ヘクタールを指定しています。これの区域は、昔の八王子宿の頃の宿場町であった地区が中心となります。更に、二〇〇二年には、基本計画を改定し、JR八王子駅・京王八王子駅周辺を加えた区域、下の図内では、黒い太枠で

八王子市中心市街地　115ha

囲んだ区域である、一一五ヘクタールを中心市街地としています。これは、実際の商業集積を踏まえて、京王線の京王八王子駅周辺を含めたエリアまで指定区域を拡大したものです。

中心市街地の現状を整理しますと、次のようになります。

まずは、中心市街地のマンション立地動向です。いわゆる「まちなか居住」が進展していることが特徴的です。現在では、計画中の南口の再開発事業の三九〇戸分も含めて、この一一年間で、約三三棟のマンションが建設（累計二六六九戸）されています（注：建設予定のものを含む。また、職員の目視により確認した物件を集計しており、実数ではない）。

そのため、中心市街地の人口は増加傾向にあります。例えば、一九九六年段階では、二万六八〇人（九四六八世帯）、二〇〇一年度は、二万二六六七人（一万九六一世帯）、二〇〇六年度は、二万四三五三人（一万二三四一世帯）となっており、同エリアにおいては、増加傾向にあることが分かります。このことから、国が新しく改正したまちづくり三法では、基本的な考え方として「コンパクトシティ」の理念が示され、まちなかに人を集めようという発想がありますが、八王子市では既にその傾向があるということが分かります。

第二に、中心市街地の業種別店舗の立地状況を見てみます。立地状況については、産業政策課の職員が一件、一件歩いて確認した内容を地図に落とし込んでみると、物販よりも飲食店、娯楽店、娯楽に関する店舗が多いことが分かります。また、中心市街地の商業施設における業種構成を見てみますと、分野別店舗数では、飲食が八二五店（四五・六％）、サービスが五二二店（一八・八％）、物販が四五九店（一五・四％）となります。また、業種別店舗数を見ますと、外食が四五

○店（二四・九％）、ナイトライフ（居酒屋、バー、スナック等）が三九一店（二一・六％）、美容・美装が一六三店（九・○％）となります。不本意ながら、「八王子（の中心市街地）は、飲食やナイトライフのまち」と言われる所以です。

第三に、中心市街地におけるこれまでの市街地整備状況を見ますと、市街地整備事業を現段階では予定中であるものを含めて、約五○○億円規模の事業が進められてきました。このうち、既に工事完了した「八王子駅北口地下駐車場整備事業」と、現在進行中の「八王子駅南口再開発事業」で全体の六三・八％を占めています。そして、この一○年間では、市施設及び市関連施設が増加しています。

（2）八王子市の中心市街地活性化の取り組み

次に、具体的な八王子市の中心市街地活性化の取り組みについてお話しします。

(1) 市としての取り組み

産業政策課が行なう中心市街地活性化の取り組みとしては、施設整備等のハード面ではなく、人材育成などのソフト面での支援が中心的な取り組みになっています。

これは、街なかに魅力のある個店を増やすことで、活性化につなげようという考え方です。例えば、一五人ぐらいのゼミ単位の集まりで、若手の商いを行う人材を育てるための「あきんど講座」を開講しています。この「あきんど講座」からは、これまでに五期・約七〇名が卒業しており、卒業後も横のつがり、縦のつながりに発展しています。これらの若手経営者達が共同して行なう販促活動・集客活動などには、市が補助金を支給する「輝く個店グループ支援事業」を実施しています。この事業を受けて、例えば、「Diggin」という冊子や「八王子　和の心　私の和」のように八王子のマップを作成するなど、その活動の範囲を広げています。

その他には、「夢五房」の運営補助を図り、これにより起業者支援に結びつけています。「夢五房」は、八王子市で起業し、自分でお店を持ちたいという方々で資金や家庭の事情からなかなか実現できない方々に、中心市街地にあるマクシスタワーズという大型マンションの一階にある五つ分の店舗スペースを提供し、商工会議所に委託して、若手の起業した人たちを応援するチャレンジショップです。

更に、商店街に対しては、「はばたけ商店街事業補助金」として、商店街独自の創意工夫によるイベント事業・活性化事業を支援しています。これは東京都の制度と連動した補助金制度です。

このように、市レベルでの取り組みは、政策を実現するための施策、施策というよりも具体的事業が中心となります。このような現場レベルでの取り組みがなければ、なかなか実現しないのが現実です。

(2)　商店街の取り組み

それから、中心市街地活性化で重要となる、商店街の取り組みについてお話しします。

商店街については、どのようなイメージを持たれているでしょうか。一般的には、物を買うところであることです。しかし、最近では、その機能は、今日では大きく変化しつつあります。例えば、暮らしの安全・安心の担い手としての機能です。例えば、八王子のある団地ですが、既に高齢化しており、若い人がいない。何かが起きたときのために、住民の皆さんへ配達をすることで、その安否を確認するサービスもできるのではないかと考える商店街もあります。いわば、商店がコミュニティの核となりつつあります。更に、ある駅前の商店街では、商店街の店舗の中に、高齢者のリハビリ施設を入れることで、地域で高齢者を支えるような機能も持ち始めています。

そのほかには、商店街が独自に行なう事業が中心市街地の活性化に結びつくこともあります。例えば、国道二〇号沿いの商店街では、国道二〇号の歩道整備と併せ、アーケードの撤去を行うこととなりました。その後、商店街振興組合事業として、公衆街路灯を五〇本新設し、さらにこれは国道としては初めての取り組みのようですが、太陽光発電と風力発電を併用したハイブリッド街路灯も七本設置しました。このように、地元の商店街が自ら出資して、まちに来る人たちが買い物しやすい、歩きやすい環境整備に取組んでいます（九五頁写真（右））。その他にも、お店や官公署などの展示案内板を自ら設置しています（九五頁写真（左））。

その他にも、幾つかの商店街が一緒になって共同のイベントを開催しています。

例えば、ＪＲと京王八王子駅周辺のクリスマス・イルミネーションもその一つです。これは、八王子市内の各大学、例えば、多摩美術大学、東京造形大学等の、デザイン系の大学の学生を対象としたデザインコンペを開催して、商店街と学生との協働によるクリスマスイルミネーションを設置するものです。そして、同じく市内の大学にあるブラスバンドやジャズバンドに演奏に来てもらうイベントを、いずれも商店街が主催で開催しています。学園都市という強みを活かして、できるだけ学生の皆さんも参加してもらうような仕組みを作ろうとしています。

このように、商店街が中心となって取り組んできたイベントの開催により、まちに人を呼ぶためための仕組みはできて来たと思います。今後は、来街者が実際にお金を落とすだけの魅力のある商品揃えができているかという点が課題だと思います。

さて、中心市街地活性化でいうと、高松市の丸亀商店街が有名ですが、中心になって取組んできた方のお話では、「イベントを開いて人は集まった。それはそれで良い。だけど、やっぱり物が売れなけりゃ意味ない」とやはり同じ感想をお話になられていました。

（３）中心市街地活性化法・都市計画法の改正を受けての今後の取り組み

中心市街地活性化法、都市計画法の改正を受けて今後の八王子市の取り組むべき方向が、次の主題になります。

市では、二〇〇七年には、中心市街地等活性化等検討委員会を設けて、中心市街地を含む地域拠点のあり方や地域拠点相互の連携の仕方等について、都市経営や地域経営の視点を加えつつ検討しました。そして、同委員会から本年三月、市長に提言書が出されました。

概略で申しますと、八王子の地域特性には、それぞれの地域の拠点があり、都市としての多面性があること、更には、豊かな自然環境があること、広域交通ネットワークが広がっていることを活用し、全部で七つある地域拠点を相互に結びつけて活性化することが基本的な方向性です。そして、首都圏西部の中核都市にふさわしい、多様な地域拠点が多重にネットワークされたまちとすることを目標としています。

では、個別具体的な地域拠点については、どうするかということが課題となりますが、同検討会では、次の通りにまとめました。

①中心市街地地区

八王子市の顔として、八王子市全域及び近隣都市を圏域とした商業・業務機能の核として確立した拠点

②中央自動車道八王子インターチェンジ周辺地区

広域的なアクセスの良さや大規模な未利用地がある利点を活かすことにより、市全体の活性化に寄与し、また、中心市街地地区等の活性化を補完する広域を対象とした拠点

③四谷交差点周辺地区

中心市街地地区等の隣接する拠点との補完関係の強化を図り、生活利便サービスの充実した拠点

④高尾駅周辺地区

自然環境を活かした国際的・広域的な観光・アメニティの拠点であり、さらなる充実により八王子市全体の活性化へ寄与する拠点

⑤北野駅周辺地区

駅前は周辺地域を対象とした身近な生活機能が充実した利便性の高い拠点、卸売市場は近隣市を対象とした流通拠点

⑥八王子みなみ野駅周辺地区

八王子ニュータウン地域の拠点、学園都市を支える拠点として、業務集積・都市的サービス等の機能を強化する拠点

⑦南大沢駅周辺地区

独自の圏域を持つ八王子市のもう一つの顔として、広域的でアメニティ性の高い拠点

これらの提言では、八王子市として取り組むべき方向性も示されています。まずは、中心市街地地区活性化に向けた取り組みとしては、地区内の低未利用地の有効活用や魅力を高め、ＪＲ八王子駅北口・南口の回遊性向上、にぎわい創出の事業実施、多様な主体が参加する「協議の場」の早期設置が示されました。また、中心市街地活性化法に基づく基本計画を策定して、産業交流拠点の整備に合わせた八王子市の活性化に向けての取り組みとして、都立産業技術総合研究所八王子支所跡地整備があります。

第二に、八王子市全体の活性化に寄与して、近接する中心市街地地区活性化を補完する機能を導入するためにも、中央自動車道八王子インターチェンジ周辺地区の大規模未利用地の活用が求められています。

第三に、地域拠点活性化に向けた取り組みとして、地域拠点として備えるべき生活に密接した機能の充実と各地域拠点の個性を活かした地域活性化策や全ての拠点間の多重なネットワーク強化が求められています。

この提言を受けて、市では現在、次の三つの取組みが進められています。

まずは、「地域拠点活性化基本方針」の策定です。これは、各地域間の特性を踏まえた上で、活性化のための基本的な方針を定めるものです。二〇〇八年度の一年間で検討を進めています。

第二に、「中心市街地活性化基本計画」の策定があります。策定に際しては、先ほどの中心市街地等活性化等検討委員会においても提言された、「協議の場」の整備が必要となります。そこで、二〇〇八年一一月には、商工会議所を事務局とした、協議の場（「八王子市中心市街地活性化委員会」）が設置されました。この協議の場が、基本法の中活認定で言われる協議会に発展し、協議会の意見を聞いて、市が基本計画を策定する流れの、先ずは第一歩であると考えています。

今後中活認定を目指す上では、民間が行なう具体的な事業が必要となります。そのためには、民間事業者の参加や、まちづくり株式会社が必要になってきます。

第三に、今後の八王子の発展のキーポイントとなる事業です。まずは、八王子駅南口地区市街地再開発事業の着手があります。二〇一〇年秋頃に竣工予定の地下二階、地上四一階、全部で三九〇戸の住戸と商業スペース、医療スペース、市民会館からなる複合ビルの建設と併せて、駅前広場の拡張整備や関連する道路の拡幅などの公共施設整備を予定としています。二つ目は、二〇〇九年度内に昭島市に移転予定である都立産業技術研究所八王子支所跡地整備です。敷地面積一万五〇〇〇㎡規模の、京王八王子駅とＪＲ八王子駅を結ぶ区域ですが、所有者は東京都です。そこで、この敷地を産業交流拠点整備としてＪＲ八王子駅北口地域との一体となった整備をすることで、まちに新しいにぎわいを創出できるように、東京都に働きかけています。最後は、中央自動車道八王子インターチェンジ周辺地区内にある大規模未利用地（約二〇ha）の活用についてです。

市では、都市的サービス（第三次産業）を中心とする複合的な機能集積を図る土地活用を進めることを考えていますが、この土地も東京都の所有地であるため、東京都にこの方針に沿った土地活用について働きかけているところです。

おわりに

以上が、現在までの八王子市における産業振興政策と中心市街地活性化の現状と取り組みの概要です。

これらの取組みを通じて、政策の目的を実現するためには何よりも「現場の視点」が重要であることを実感しています。これは民間・行政に限らず、また、産業振興政策や市街地活性化に限らず、多くのことに当てはまると思います。

だからこそ、机上の空論に終わらないように、これからも私たちは、どんどん現場に行き、現場を見て、ニーズとシーズをしっかりと確かめて、「Just Do It！」の精神で取組んで参ります。

答えは、やはり現場にあるのではないでしょうか。

都市政策フォーラムブックレット No. 3

都市の活性化とまちづくり
― 制度設計から現場まで ―

2009年3月10日　初版発行

監　修　首都大学東京　都市教養学部　都市政策コース
〒192-0397　東京都八王子市南大沢1-1
TEL　042-677-1111
URL　http://www.urbanpolicy.tmu.ac.jp
代　表　和田清美（都市政策コース長）
発行人　武内英晴
発行所　公人の友社
〒112-0002　東京都文京区小石川5-26-8
TEL　03-3811-5701　FAX　03-3811-5795
Eメール　koujin@alpha.ocn.ne.jp
URL　http://www.e-asu.com/koujin/

「官治・集権」から

「自治・分権」へ

市民・自治体職員・研究者のための

自治・分権テキスト

《出版図書目録》
2009.3

公人の友社

112-0002　東京都文京区小石川５－26－８
TEL　03-3811-5701
FAX　03-3811-5795
メールアドレス　koujin@alpha.ocn.ne.jp

●ご注文はお近くの書店へ

小社の本は店頭にない場合でも、注文すると取り寄せてくれます。

書店さんに「公人の友社の『○○○○』をとりよせてください」とお申し込み下さい。５日おそくとも10日以内にお手元に届きます。

●直接ご注文の場合は

電話・ＦＡＸ・メールでお申し込み下さい。（送料は実費）

TEL　03-3811-5701　FAX　03-3811-5795
メールアドレス　koujin@alpha.ocn.ne.jp

（価格は、本体表示、消費税別）

都市政策フォーラム ブックレット

（首都大学東京・都市教養学部 都市政策コース 監修）

No.1
「新しい公共」と新たな支え合いの創造へ―多摩市の挑戦―
首都大学東京・都市政策コース
900円

No.2
景観形成とまちづくり
―「国立市」を事例として―
首都大学東京・都市政策コース
1,000円

No.3
都市の活性化とまちづくり
―制度設計から現場まで―
首都大学東京・都市政策コース
1,100円

福島大学ブックレット『21世紀の市民講座』

No.1
外国人労働者と地域社会の未来
桑原靖夫・香川孝三（著）
坂本恵（編著） 900円

No.2
自治体政策研究ノート
今井 照 900円

No.3
住民による「まちづくり」の作法
今西一男 1,000円

北海道自治研 ブックレット

No.1
市民・自治体・政治
再論・人間型としての市民
松下圭一 1,200円

No.2
議会基本条例の展開
その後の栗山町議会を検証する
橋場利勝・中尾修・神原勝
1,200円

TAJIMI CITY ブックレット

No.2
転型期の自治体計画づくり
松下圭一 1,000円

No.3
これからの行政活動と財政
西尾勝 1,000円

No.4
構造改革時代の手続的公正と第2次分権改革
手続的公正の心理学から
鈴木庸夫 1,000円

No.5
自治基本条例はなぜ必要か
辻山幸宣 1,000円［品切れ］

No.6
自治のかたち法務のすがた
政策法務の構造と考え方
天野巡一 1,100円

No.7
自治体再構築における
行政組織と職員の将来像
今井照 1,100円

No.8
持続可能な地域社会のデザイン
植田和弘 1,000円

No.9
政策財務の考え方
加藤良重 1,000円

No.10
市場化テストをいかに導入するべきか ～市民と行政
竹下譲 1,000円

No.11
市場と向き合う自治体
小西砂千夫・稲沢克祐 1,000円

地域ガバナンスシステム・シリーズ

（龍谷大学地域人材・公共政策開発システム オープン・リサーチ・センター企画・編集）

No.1
地域人材を育てる
自治体研修改革
土山希美枝 900円

No.2
公共政策教育と認証評価システム―日米の現状と課題―
坂本勝 編著 1,100円

No.3
暮らしに根ざした心地良いまち
野呂昭彦・逢坂誠二・関原剛・
吉本哲郎・白石克孝・堀尾正靭
1,100円

No.4
持続可能な都市自治体づくりのためのガイドブック
「オルボー憲章」「オルボー誓約」
翻訳所収
白石克彦・イクレイ日本事務所編
1,100円

No.5
英国における地域戦略パートナーシップの挑戦
白石克彦編・的場信敬監訳 900円

No.6
マーケットと地域をつなぐパートナーシップ
協会という連帯のしくみ
白石克彦編・園田正彦著　1,000円

No.7
政府・地方自治体と市民社会の戦略的連携
—英国コンパクトにみる先駆性—
的場信敬編著　1,000円

No.8
財政縮小時代の人材戦略
多治見モデル
大矢野修編著　1,400円

No.10
行政学修士教育と人材育成
—米中の現状と課題—
坂本勝著　1,100円

No.11
アメリカ公共政策大学院の認証評価システムと評価基準
—NASPAA のアクレディテーションの検証を通して—
早田幸政　1,200円

地方自治土曜講座ブックレット

No.2
自治体の政策研究
森啓　600円

No.22
地方分権推進委員会勧告とこれからの地方自治
西尾勝　500円

No.34
政策立案過程への「戦略計画」
少子高齢社会と自治体の福祉法務
加藤良重　400円

No.42
改革の主体は現場にあり
山田孝夫　900円

No.43
自治と分権の政治学
鳴海正泰　1,100円

No.44
公共政策と住民参加
宮本憲一　1,100円

No.45
農業を基軸としたまちづくり
小林康雄　800円

No.46
これからの北海道農業とまちづくり
篠田久雄　800円

No.47
自治の中に自治を求めて
佐藤守　1,000円

No.48
介護保険は何を変えるのか
池田省三　1,100円

No.49
介護保険と広域連合
大西幸雄　1,000円

No.50
自治体職員の政策水準
森啓　1,100円

No.51
分権型社会と条例づくり
篠原一　1,000円

No.52
自治体における政策評価の課題
佐藤克廣　1,000円

No.53
小さな町の議員と自治体
室崎正之　900円

No.54
改正地方自治法とアカウンタビリティ
鈴木庸夫　1,200円

No.56
財政運営と公会計制度
宮脇淳　1,100円

No.59
環境自治体とISO
畠山武道　700円

No.60
転型期自治体の発想と手法
松下圭一　900円

No.61
分権の可能性
スコットランドと北海道
山口二郎　600円

No.62
機能重視型政策の分析過程と財務情報
宮脇淳　800円

No.63
自治体の広域連携
佐藤克廣　900円

No.64
分権時代における地域経営
見野全　700円

No.65
町村合併は住民自治の区域の変更である。
森啓　800円

No.66
自治体学のすすめ
田村明　900円

No.67
市民・行政・議会のパートナーシップを目指して
松山哲男　700円

No.69
新地方自治法と自治体の自立
井川博　900円

No.70
分権型社会の地方財政
神野直彦　1,000円

No.71
自然と共生した町づくり
宮崎県・綾町
森山喜代香　700円

No.72
情報共有と自治体改革
ニセコ町からの報告
片山健也　1,000円

No.73
地域民主主義の活性化と自治体改革
山口二郎　600円

No.74
分権は市民への権限委譲
上原公子　1,000円

No.75
今、なぜ合併か
瀬戸亀男　800円

No.76
市町村合併をめぐる状況分析
小西砂千夫　800円

No.78
ポスト公共事業社会と自治体政策
五十嵐敬喜　800円

No.80
自治体人事政策の改革
森啓　800円

No.82
地域通貨と地域自治
西部忠　900円

No.83
北海道経済の戦略と戦術
宮脇淳　800円

No.84
地域おこしを考える視点
矢作弘　700円

No.87
北海道行政基本条例論
神原勝　1,100円

No.90
「協働」の思想と体制
森啓　800円

No.91
協働のまちづくり
三鷹市の様々な取組みから
秋元政三　700円

o.92
シビル・ミニマム再考
ベンチマークとマニフェスト
松下圭一　900円

No.93
市町村合併の財政論
高木健二　800円

No.95
市町村行政改革の方向性
～ガバナンスとＮＰＭのあいだ
佐藤克廣　800円

No.96
創造都市と日本社会の再生
佐々木雅幸　800円

No.97
地方政治の活性化と地域政策
山口二郎　800円

No.98
多治見市の政策策定と政策実行
西寺雅也　800円

No.99
自治体の政策形成力
森啓　700円

No.100
自治体再構築の市民戦略
松下圭一　900円

No.101
維持可能な社会と自治
～『公害』から『地球環境』へ
宮本憲一　900円

No.102
道州制の論点と北海道
佐藤克廣　1,000円

No.103
自治体基本条例の理論と方法
神原勝　1,100円

No.104
働き方で地域を変える
～フィンランド福祉国家の取り組み
山田眞知子　800円

o.107
公共をめぐる攻防
～市民的公共性を考える
樽見弘紀　600円

No.108
三位一体改革と自治体財政
岡本全勝・山本邦彦・北良治・逢坂誠二・川村喜芳　1,000円

No.109
連合自治の可能性を求めて
サマーセミナーin奈井江
松岡市郎・堀則文・三本英司・佐藤克廣・砂川敏文・北良治　他
1,000円

No.110
「市町村合併」の次は「道州制」か
高橋彦芳・北良治・脇紀美夫・碓井直樹・森啓　1,000円

No.111
コミュニティビジネスと建設帰農
松本懿・佐藤吉彦・橋場利夫・山北博明・飯野政一・神原勝
1,000円

No.112
「小さな政府」論とはなにか
牧野富夫　700円

No.113
栗山町発・議会基本条例
橋場利勝・神原勝　1,200円

No.114
北海道の先進事例に学ぶ
宮谷内留雄・安斎保・見野全・佐藤克廣・神原勝　1,000円

No.115
地方分権改革のみちすじ
―自由度の拡大と所掌事務の拡大―
西尾勝　1,200円

地方自治ジャーナル ブックレット

No.3
使い捨ての熱帯林
熱帯雨林保護法律家リーグ　971円

No.4
自治体職員世直し志士論
村瀬誠　971円

No.8
市民的公共性と自治
今井照　1,166円［品切れ］

No.9
ボランティアを始める前に
佐野章二　777円

No.10
自治体職員の能力
自治体職員能力研究会　971円

No.11
パブリックアートは幸せか
山岡義典　1,166円

No.12
市民がになう自治体公務
パートタイム公務員論研究会
1,359円

No.13
行政改革を考える
山梨学院大学行政研究センター
1,166円

No.14
上流文化圏からの挑戦
山梨学院大学行政研究センター
1,166円

No.15
市民自治と直接民主制
高寄昇三　951円

No.16
議会と議員立法
上田章・五十嵐敬喜　1,600円

No.17
分権段階の自治体と政策法務
松下圭一他　1,456円

No.18
地方分権と補助金改革
高寄昇三　1,200円

No.19
分権化時代の広域行政
山梨学院大学行政研究センター
1,200円

No.20
あなたのまちの学級編成と地方分権
田嶋義介　1,200円

No.21
自治体も倒産する
加藤良重　1,000円

No.22
ボランティア活動の進展と自治体の役割
山梨学院大学行政研究センター
1,200円

No.23
新版・2時間で学べる「介護保険」
加藤良重　800円

No.24
男女平等社会の実現と自治体の役割
山梨学院大学行政研究センター
1,200円

No.25
市民がつくる東京の環境・公害条例
市民案をつくる会　1,000円

No.26
東京都の「外形標準課税」はなぜ正当なのか
青木宗明・神田誠司　1,000円

No.27
少子高齢化社会における福祉のあり方
山梨学院大学行政研究センター
1,200円

No.28
財政再建団体
橋本行史　1,000円［品切れ］

No.29
交付税の解体と再編成
高寄昇三　1,000円

No.30
町村議会の活性化
山梨学院大学行政研究センター
1,200円

No.31
地方分権と法定外税
外川伸一　800円

No.32
東京都銀行税判決と課税自主権
高寄昇三　1,000円

No.33
都市型社会と防衛論争
松下圭一　900円

No.34
中心市街地の活性化に向けて
山梨学院大学行政研究センター
1,200円

No.35
自治体企業会計導入の戦略
高寄昇三　1,100円

No.36
行政基本条例の理論と実際
神原勝・佐藤克廣・辻道雅宣
1,100円

No.37
市民文化と自治体文化戦略
松下圭一　800円

No.38
まちづくりの新たな潮流
山梨学院大学行政研究センター
1,200円

No.39
ディスカッション・三重の改革
中村征之・大森彌　1,200円

No.40
政務調査費
宮沢昭夫　1,200円

No.41
市民自治の制度開発の課題
山梨学院大学行政研究センター
1,100円

No.42
《改訂版》自治体破たん・「夕張ショック」の本質
橋本行史　1,200円

No.43
分権改革と政治改革
～自分史として
西尾勝　1,200円

No.44
自治体人材育成の着眼点
浦野秀一・井澤壽美子・野田邦弘・西村浩・三関浩司・杉谷知也・坂口正治・田中富雄　1,200円

No.45
障害年金と人権
―代替的紛争解決制度と大学・専門集団の役割―
橋本宏子・森田明・湯浅和恵・池原毅和・青木久馬・澤静子・佐々木久美子　1,400円

No.46
地方財政健全化法で財政破綻は阻止できるか
夕張・篠山市の財政運営責任を追及する
高寄昇三　1,200円

No.47
地方政府と政策法務
市民・自治体職員のための基本テキスト
加藤良重　1,200円

No.48
政策財務と地方政府
市民・自治体職員のための基本テキスト
加藤良重　1,400円

No.49
政令指定都市がめざすもの
高寄昇三　1,200円

朝日カルチャーセンター地方自治講座ブックレット

No.1
自治体経営と政策評価
山本清　1,000円

No.2
ガバメント・ガバナンスと行政評価システム
星野芳昭　1,000円

No.4
政策法務は地方自治の柱づくり
辻山幸宣　1,000円

No.5
政策法務がゆく
北村喜宣　1,000円

政策・法務基礎シリーズ
―東京都市町村職員研修所編

No.1
これだけは知っておきたい
自治立法の基礎
600円

No.2
これだけは知っておきたい
政策法務の基礎
800円

シリーズ「生存科学」
（東京農工大学生存科学研究拠点 企画・編集）

No.2
再生可能エネルギーで地域がかがやく
―地産地消型エネルギー技術―
秋澤淳・長坂研・堀尾正靱・小林久
1,100円

No.4
地域の生存と社会的企業
―イギリスと日本との比較をとおして―
柏雅之・白石克孝・重藤さわ子
1,200円

No.5
地域の生存と農業知財
澁澤栄・福井隆・正林真之
1,000円

No.6
風の人・土の人
―地域の生存とNPO―
千賀裕太郎・白石克孝・柏雅之・福井隆・飯島博・曽根原久司・関原剛
1,400円

自治体再構築

松下圭一（法政大学名誉教授）　定価 2,800 円

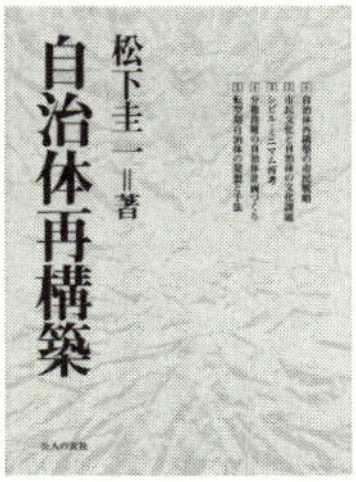

●官治・集権から自治・分権への転型期にたつ日本は、政治・経済・文化そして軍事の分権化・国際化という今日の普遍課題を解決しないかぎり、閉鎖性をもった中進国状況のまま、財政破綻、さらに「高齢化」「人口減」とあいまって、自治・分権を成熟させる開放型の先進国状況に飛躍できず、衰退していくであろう。
●この転型期における「自治体改革」としての〈自治体再構築〉をめぐる 2000 年～ 2004 年までの講演ブックレットの 総集版。

1　自治体再構築の市民戦略
2　市民文化と自治体の文化戦略
3　シビル・ミニマム再考
4　分権段階の自治体計画づくり
5　転型期自治体の発想と手法

社会教育の終焉［新版］

松下圭一（法政大学名誉教授）　定価 2,625 円

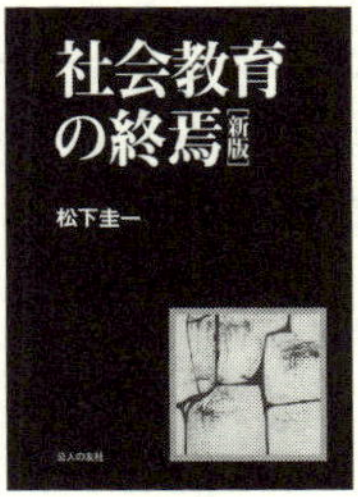

●86年の出版時に社会教育関係者に厳しい衝撃を与えた幻の名著の復刻・新版。
●日本の市民には、〈市民自治〉を起点に分権化・国際化をめぐり、政治・行政、経済・財政ついで文化・理論を官治・集権型から自治・分権型への再構築をなしえるか、が今日あらためて問われている。

序章　日本型教育発想
Ⅰ　公民館をどう考えるか
Ⅱ　社会教育行政の位置
Ⅲ　社会教育行政の問題性
Ⅳ　自由な市民文化活動
終章　市民文化の形成　　あとがき　　新版付記

自治・議会基本条例論　自治体運営の先端を拓く

神原　勝（北海学園大学教授・北海道大学名誉教授）　定価 2,625 円

生ける基本条例で「自律自治体」を創る。その理論と方法を詳細に説き明かす。7 年の試行を経て、いま自治体基本条例は第 2 ステージに進化。めざす理想型、総合自治基本条例＝基本条例＋関連条例

プロローグ
Ⅰ　自治の経験と基本条例の展望
Ⅱ　自治基本条例の理論と方法
Ⅲ　議会基本条例の意義と展望
エピローグ
条例集
　1　ニセコ町まちづくり基本条例
　2　多治見市市政基本条例
　3　栗山町議会基本条例

自律自治体の形成　すべては財政危機との闘いからはじまった

西寺雅也（前・岐阜県多治見市長）　四六判・282頁　定価2,730円

ISBN978-4-87555-530-8 C3030

多治見市が作り上げたシステムは、おそらく完結性という点からいえば他に類のないシステムである、と自負している。そのシステムの全貌をこの本から読み取っていただければ、幸いである。

（「あとがき」より）

Ⅰ　すべては財政危機との闘いからはじまった
Ⅱ　市政改革の土台としての情報公開・市民参加・政策開発
Ⅲ　総合計画（政策）主導による行政経営
Ⅳ　行政改革から「行政の改革」へ
Ⅴ　人事制度改革
6　市政基本条例
終章　自立・自律した地方政府をめざして
資料・多治見市市政基本条例

フィンランドを世界一に導いた100の社会政策

フィンランドのソーシャル・イノベーション

イルッカ・タイパレ - 編著　山田眞知子 - 訳者

A5判・306頁　定価2,940円　ISBN978-4-87555-531-5 C3030

フィンランドの強い競争力と高い生活水準は、個人の努力と自己開発を動機づけ、同時に公的な支援も提供する、北欧型福祉社会に基づいています。民主主義、人権に対する敬意、憲法国家の原則と優れた政治が社会の堅固な基盤です。

‥‥この本の100余りの論文は、多様でかつ興味深いソーシャルイノベーションを紹介しています。‥フィンランド社会とそのあり方を照らし出しているので、私は、読者の方がこの本から、どこにおいても応用できるようなアイディアを見つけられると信じます。

（刊行によせて - フィンランド共和国大統領　タルヤ・ハロネン）

公共経営入門 ―公共領域のマネジメントとガバナンス

トニー・ボベール／エルク・ラフラー - 編著　みえガバナンス研究会 - 翻訳

A5判・250頁　定価2,625円　ISBN978-4-87555-533-9 C3030

本書は、大きく３部で構成されている。まず第１部では、ＮＰＭといわれる第一世代の行革から、多様な主体のネットワークによるガバナンスまで、行政改革の国際的な潮流について概観している。第２部では、行政分野のマネジメントについて考察している。………本書では、行政と企業との違いを踏まえた上で、民間企業で発展した戦略経営やマーケティングをどう行政経営に応用したらよいのかを述べている。第３部では、最近盛んになった公共領域についてのガバナンス論についてくわしく解説した上で、ガバナンスを重視する立場からは地域社会や市民とどう関わっていったらよいのかなどについて述べている。（「訳者まえがき」より）

「自治体憲法」創出の地平と課題
―上越市における自治基本条例の制定事例を中心に―

石平春彦（新潟県・上越市議会議員）　Ａ５判・208頁　定価2,100円

ISBN978-4-87555-542-1 C3030

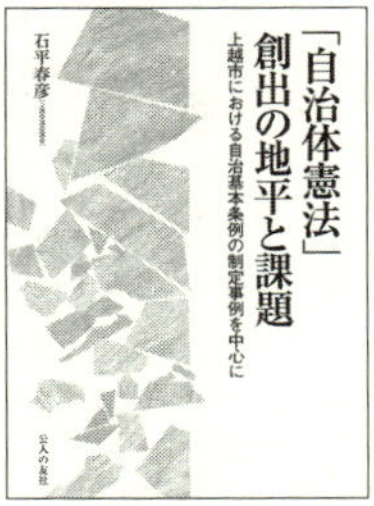

「上越市基本条例」の制定過程で、何が問題になりそれをどのように解決してきたのか。ひとつひとつの課題を丁寧に整理し記録。

現在「自治基本条例」制定に取り組んでいる方々はもちろん、これから取り組もうとしている方々のための必読・必携の書。

はじめに
Ⅰ　全国の自治基本条例制定の動向
Ⅱ　上越市における自治基本条例の制定過程
Ⅲ　上越市における前史＝先行制度導入の取組
Ⅳ　上越市自治基本条例の理念と特徴
Ⅴ　市民自治のさらなる深化と拡充に向けて

自治体政府の福祉政策

加藤　良重著　A5判・238頁　定価2,625円　ISBN978-4-87555-541-4 C3030

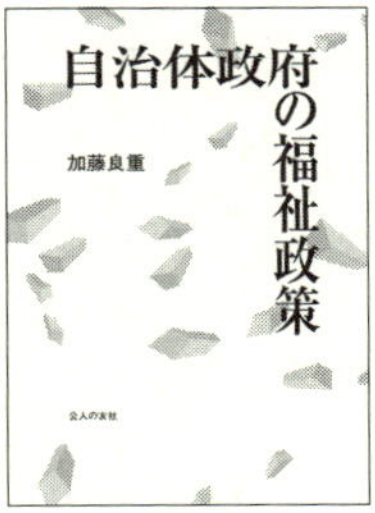

本書では、政府としての自治体（自治体政府）の位置・役割を確認し、福祉をめぐる環境の変化を整理し、政策・計画と法務・財務の意義をあきらかにして、自治体とくに基礎自治体の福祉政策・制度とこれに関連する国の政策・制度についてできるかぎり解りやすくのべ、問題点・課題の指摘と改革の提起もおこなった。

第１章　自治体政府と福祉環境の変化　第２章　自治体計画と福祉政策
第３章　高齢者福祉政策　第４章　子ども家庭福祉政策
第５章　障害者福祉政策　第６章　生活困窮者福祉政策
第７章　保健医療政策　第８章　福祉の担い手
第９章　福祉教育と福祉文化　＜資料編＞

鴎外は何故袴をはいて死んだのか

志田　信男著　四六判・250頁　定価2,625円　ISBN978-4-87555-540-7 C0020

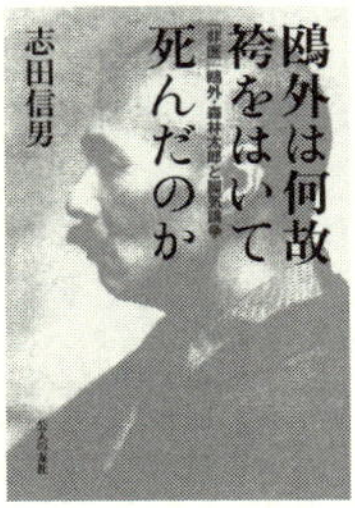

「医」は「医学」に優先し、「患者を救わん」（養生訓）ことを第一義とするテクネー（技術）なのである！

陸軍軍医中枢部の権力的エリート軍医**「鴎外」**は「脚気病原菌説」に固執して、日清・日露戦役で３万数千人の脚気による戦病死者を出してしまう！

そして手の込んだ謎の遺書を残し、袴をはいたまま死んだ。何故か！？

その遺書と行為に込められたメッセージを今解明する。

大正地方財政史・上下巻

高寄昇三（甲南大学名誉教授）　Ａ５判・上 282 頁、下 222 頁　各定価 5,250 円
（上）ISBN978-4-87555-530-8 C3030　（下）ISBN978-4-87555-530-8 C3030

大正期の地方財政は、大正デモクラシーのうねりに呼応して、中央統制の厚い壁を打ち崩す。義務教育費国庫負担制の創設、地方税制限法の大幅緩和、政府資金の地方還元など、地方財源・資金の獲得に成功する。しかし、地租委譲の挫折、土地増価税の失敗、大蔵省預金部改革の空転など、多くが未完の改革として、残された。政党政治のもとで、大正期の地方自治体は、どう地域開発、都市計画、社会事業に対応していったか、また、関東大震災復興は、地方財政からみてどう評価すべきかを論及する。

(上巻) 1 大正デモクラシーと地方財政　2 地方税改革と税源委譲
3 教育国庫負担金と町村財政救済　4 地方債資金と地方還元
(下巻) 1 地方財政運営と改革課題　2 府県町村財政と地域再生
3 都市財政運用と政策課題

私たちの世界遺産 1　持続可能な美しい地域づくり

世界遺産フォーラム 1n 高野山

五十嵐敬喜・アレックス・カー・西村幸夫　編著
A5 判・306 頁　定価 2,940 円　ISBN978-4-87555-512--4 C0036

世界遺産は、世界中の多くの人が「価値」があると認めたという一点で、それぞれの町づくりの大きな目標になるのである。それでは世界遺産は実際どうなっているのか。これを今までのように「文化庁」や「担当者」の側からではなく、国民の側から点検したい。
　本書は、こういう意図から 2007 年 1 月に世界遺産の町「高野山」で開かれた市民シンポジウムの記録である。　(「はじめに」より)

何故、今「世界遺産」なのか　五十嵐敬喜
美しい日本の残像　world heritage としての高野山　アレックス・カー
世界遺産検証　世界遺産の意味と今後の発展方向　西村幸夫

私たちの世界遺産 2　地域価値の普遍性とは

世界遺産フォーラム 1n 福山

五十嵐敬喜・西村幸夫　編著
A5 判・250 頁　定価 2,625 円　ISBN978-4-87555-533-9 C3030

　本書は、大きく３部で構成されている。まず第１部では、ＮＰＭといわれる第一世代の行革から、多様な主体のネットワークによるガバナンスまで、行政改革の国際的な潮流について概観している。第２部では、行政分野のマネジメントについて考察している。………本書では、行政と企業との違いを踏まえた上で、民間企業で発展した戦略経営やマーケティングをどう行政経営に応用したらよいのかを述べている。第３部では、最近盛んになった公共領域についてのガバナンス論についてくわしく解説した上で、ガバナンスを重視する立場からは地域社会や市民とどう関わっていったらよいのかなどについて述べている。　(「訳者まえがき」より)